東京豬排會議

5年訪察嚴選超美味65家、
殿堂級12家名店，
爽脆麵衣與甘甜豬肉的絕妙魅力，
超一流大眾料理完整指南誕生！

山本益博
Mackey 牧元
河田 剛 著

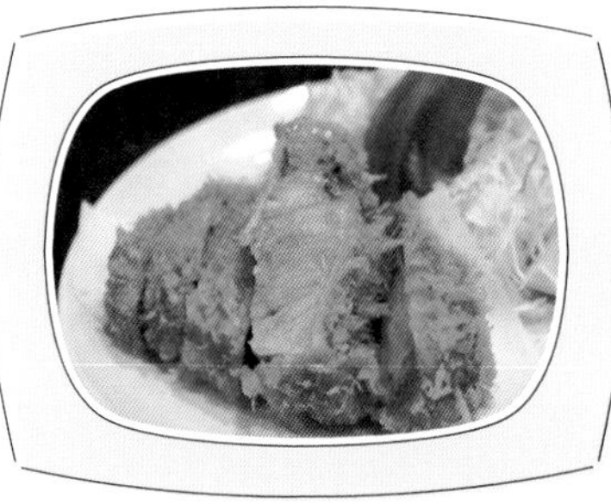

「東京豬排會議」開會宣言

現在，東京迎來了第二期「豬排黃金時代」。

第一期是昭和三〇年代至五〇年代（西元一九六〇至一九八〇年代），在上野、淺草等老街專賣店能吃到的豬排，對戰後出生的我們來說是最棒的美食。

經過了三十年，如今豬排熱潮已擴散至東京二十三區之外。平成時代的豬排使用名牌豬肉，不但滿足了年少時熱愛昭和豬排的我們，也逐漸變成外食料理界中的霸主了。

「東京豬排會議」約從五年前（編注：二〇一二年）開始。在社群網站 Facebook 上，我們以隔周一次的步調，每月召開兩次會議，直到現在會議都沒有停止，還在持續召開中。

評審員為我們三人，將會議上沒有提到的店家也納入，我們三人造訪過的豬排店家應該已經超過了一百二十家吧？不過目前為止，

即使持續每周都吃豬排，也完全不覺得膩。
雖然豬排只是豬肉裹上麵衣油炸，再放上高麗菜絲的料理，但卻如此豐富多變、內涵深遠。這個明治時代誕生的西洋料理，不知不覺已經變成適合搭配米飯一起吃的東京鄉土料理，而現在，說豬排是代表日本的大眾料理也不為過。

吃遍第二期「豬排黃金時代」的豬排同時，本書也認真詳細的記錄了各店的豬排。
能進入「豬排殿堂」的店家，我們三人都會附上評論，其他店家則是由我們三人之中，給出最高分的評審員寫出評論。
這本「豬排指南」希望能對大家有所幫助。

豬排炸好了，會議歡快進行中。

東京豬排會議
山本益博
Mackey 牧元
河田 剛

「東京豬排會議」開會宣言……2
作者介紹……10

1章 豬排的魅力

東京豬排會議 特別企畫三人對談
豬排的魅力是什麼？……12

Mackey 牧元的任性說明
豬排的吃法……20

豬排小知識
◇不同部位的豬排味道……26
◇豬肉的品種和其特色……28
◇在家裡能做出炸豬排嗎？……30

column

◇難忘的豬排名店……62
◇電影中的豬排……110
◇當地豬排蓋飯的世界……132
◇在豬排店喝一杯……134
〔特別附錄〕鄉愁豬排小說
◇黃昏的豬排埋伏……153

2 章 東京豬排會議 殿堂級名店

殿堂級名店審查基準……33

各方面都沒有缺點的優秀豬排
【小川町】「とんかつ・豚しゃぶ ポンチ軒」……34

說來是東京最重要飲食文化資產
【御徒町】「ぽん多本家」……38

加鹽襯托出緊實的肉質
【高田馬場】「とんかつ ひなた」……42

瘦肉和肥肉的黃金比例
【藏前】「特選とんかつ すぎ田」……46

用肉講究，「平成時代豬排」的傑作
【高田馬場】「とんかつ 成蔵」……50

不矯揉誇飾、認真製作的傳統豬排
【秋葉原】「丸五」……54

價格便宜，品質卻令人驚豔
【芝公園】「食は生命のもと のもと家」……58

彷彿高雅點心般的優質餘韻
【高田馬場】「とん太」……66

從厚里脊肉引出美味的專業技術
【荻窪】「西口とんかつ たつみ亭」……70

平成時代的象徵，細致優美的味道
【銀座】「銀座 イマカツ」……74

緊緊貼著肉的絕佳麵衣
【淺草】「とんかつ割烹 浅草 あき山」……78

感受到肉、油、麵衣三味一體的品格
【神田】「万平」……82

名店系統圖……86

3章 豬排今昔物語

由分析家河田 剛帶我們探究
豬排經濟學……88

由山本益博解說那些「說起來，那是為什麼？」
豬排之謎……93

東京豬排會議特別企畫
各種類別特集「豬排蓋飯」……95
【銀座】「あけぼの」的豬排蓋飯……95
【早稲田】「奏す庵」的早稻豬排蓋飯……96
【西荻窪】「坂本屋」的豬排蓋飯……97
我想成為適合吃豬排蓋飯的男人……98

東京豬排會議特別企畫
各種類別特集「豬排咖哩飯」……100
【淺草】「河金千束店」的河金蓋飯……100
【淺草】「とお山」的腰內肉豬排咖哩飯……101
【濱松町】「のもと家」的豬排咖哩飯……102
享用豬排咖哩的方法……103

東京豬排會議特別企畫
各種類別特集「豬排三明治」……105
【銀座】「チョウシ屋」的豬排三明治……105
【淺草】「ヨシカミ」的豬排三明治……106
【銀座】「GINZA 1954」的豬排三明治……107
豬排三明治有兩種美味……108

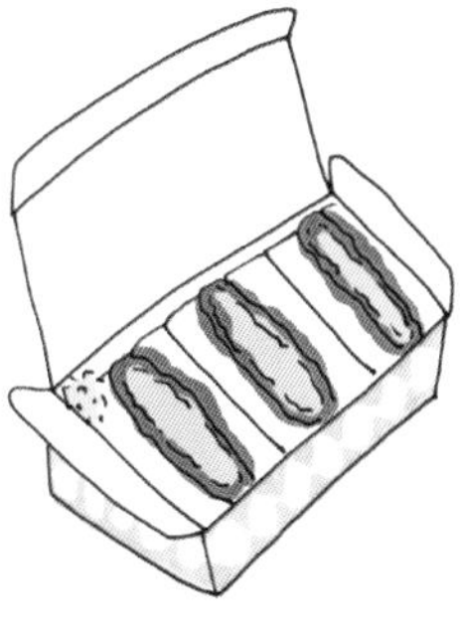

4 章

還有更多美味的豬排店

「東京豬排會議」造訪過的店家

【六本木】「六本木イマカツ」……114　【神樂坂】「あげづき」……115

【湯島】「井泉 本店」……116　【小川町】「T.Dining」……117

【神田須田町】「名代とんかつ勝漫」……118　【巣鴨】「とん平」……119

【水道橋】「かつ吉 水道橋店」……120

【京橋】「レストラン サカキ」・【新橋】「むさしや」……121

【銀座】「煉瓦亭」……122　【赤坂】「とんかつ まさむね」……123

【人形町】「ビーフかつれつ そよいち」……124

【銀座】「銀座にし邑」・【銀座】「梅林」……125

【成城學園前】「とんかつ椿」……126　【淺草】「とんかつゆたか」……127

【南青山】「南青山とんかつ赤月」……128

【代代木上原】「とんかつ 武信」・【椎名町】「とんかつ おさむ」……129

【御徒町】「とん八亭」……130　【金町】「とんかつ喝」……131

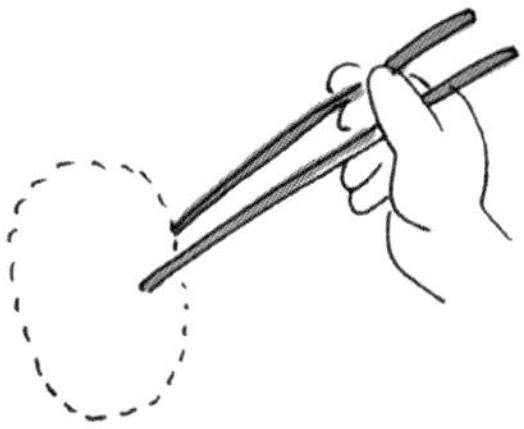

【兩國】「とんかつ はせ川」……136
【銀座】「恵亭 松屋銀座店」・【蒲田】「とんかつ 檍」……137
【久之原】「とんかつ 自然坊」……138
【大井町】「丸八とんかつ店」……139
【銀座】「とん㐂」……140
【新橋】「とんかつ 酒菜くら」・【四谷】「とんかつ 三金」……141
【西麻布】「三河屋」……142
【大森】「とんかつ 鉄」……143
【淺草】「とんかつ とお山」……144
【濱松町】「かつ正」・【市之谷】「Hana-mitsu」……145
【東京】「とんかつ寿々木キッチンストリート東京店」……146
【銀座】「鹿児島華蓮 銀座店」……147
【新橋】「とんかつ 燕楽」……148
【西麻布】「西麻布とんかつ豚組」・【御徒町】「蓬萊屋」……149
【池之上】「とんかつ 棟田」……150
【神樂坂】「とんかつ神楽坂さくら本店」……151
【日本橋】「豬排和豬肉料理 平田牧場」・【四谷】「かつれつ四谷 たけだ」……152

後記……159

店家資訊皆為二〇一七年六月時的資訊。
評論內容為造訪店家時所寫，之後有可能變更。

作者介紹

山本益博 • 料理評論家

一九四八年生於東京都。著有《東京・味之決勝》（《東京・味のグランプリ》；暫譯）系列料理評論，同時也企畫和廚師合作的活動。亦著有多本專業技術工作相關的著作。最近的著作為《チロー勝利への十ヶ条》（靜山社出版）、《鮨 すきやばし次郎 JIRO GASTRONOMY》（小學館出版）、《立川談志を聴け》（小學館出版）等。二〇一四年獲法國政府頒發農業功勳勳章軍官級。

Mackey 牧元 • 美食家

一九五五年生於東京都。擔任月刊《味の手帖》的編輯顧問，同時吃遍各式各樣的美食，從站著吃的蕎麥麵、法式料理、居酒屋到甜點都有涉獵，人稱「人型美食地圖」。最近的著作為《出世酒場 ビジネスの極意は酒場で盗め》（集英社出版）、《東京最高のレストラン 2017》（共著，pia）等。

河田 剛 • 美食分析家

一九六四年生於秋田縣。負責大型證券公司的調查業務，同時將持續吃遍美食的興趣寫成著作，出版了《ラーメンの経済学》（角川出版）。除了味道和食材以外，也從調理的背景和物流等多元的觀點，展現他對料理的銳利觀察。對以日本為主的電影也有很深的造詣。

第1章

豬排的魅力

豬肉裹上麵包粉、油炸。
只是這麼簡單的程序，
為什麼就能變得這麼美味呢？
在此將試著進行逼近其本質的考察，
並探討三名評審員心中的豬排魅力。

東京豬排會議 特別企畫

三人對談

參加「東京豬排會議」的三人，
齊聚於藏前的名店「特選豬排Sugi田」
（特選とんかつ すぎ田）。
三人在此圍著同一張桌子，
是為了確認彼此平常沒有仔細談論過的，
那分對豬排的深厚熱愛。
然後，三人分別以獨特的觀點，
談論了豬排的強大魅力。

豬排的魅力是什麼？

東京豬排會議的前身到底是什麼!?

山本益博（以下稱「山」）首先，說到這樣三個人集合會想到什麼，就是目前為止我們都沒有面對面認真討論過事情，對吧!?

Mackey 牧元（以下稱「M」）因為「東京豬排會議」決定好要去的店家後，基本上大家都是自己一個人去，分開前往、各自評價那間店。

山　然後自己將意見上傳到官方網站上，像是在網路上對答案的感覺。

M　要說為什麼呢？就是因為一起去，只要有誰說：「這個熟度真是絕妙」、「麵衣不錯呢！」之類的，彼此的意見多少會互相影響，所以我們三人一定要分開前往。

河田剛（以下稱「河」）只有殿堂級的店家會三個人一起再去一次，吃同樣狀態的豬排做評價，但那種時候，我們三人基本上也都是沉默的吃著豬排而已。

M　那時候，我們完全不會談當下所吃的豬排，那也是「東京豬排會議」的規則之一。

山　因為說這個豬排怎樣之類的，還是會影響到彼此的評價，所以我們大都在閒聊筷子拿法之類的事情（笑）。就算是聊豬排的話題，基本上也是聊其他店家。

山　話說回來，還是要先說明「東京豬排會議」的由來，契機是豬排在我心中的變化。因為豬排是我從小到大都很喜歡的食物，但隨著年齡增加、時代變遷，有段時間豬肉的品質下降，豬排也開始有種油臭味而變得難吃了，那是我大學時候的事情。不過，大概從二十年前開始吧？豬肉開始慢慢變得好吃了。至於原因是什麼？就是伊比利豬。當時伊比利豬開始出現在法國餐廳的菜單上，帶來的話題熱潮改變了養豬業者，他們開始認為「如果是美味的品牌豬肉，就能確實賣得好價錢」。

M　在那之前，日本的法國料理餐廳根本不可能有豬肉料理。

山　然後，重新檢視養豬方法的養豬業者增加，日本也開始有各種品牌豬肉出現後，豬排又變得像以前一樣好吃了。接著，我也重新看待豬排，我一個人開始做「東京豬排排行榜」，那就是「東京豬排會議」的前身。

豬排
本身就是一種懷舊，
豬油的香味
烙印在腦海裡

——山本益博

M　我知道這件事後，就問益博先生說：「要不要一起做排行榜呢？」比起一個人做，兩個人做閱讀的人更多，向外界推廣的力量也會更大。

山　我也覺得「那這樣，比起兩個人做，三個人做更好」，所以邀請河田先生也加入。

河　說起來我是益博先生的粉絲，和 Mackey 牧元先生因為這樣才認識。

山　「東京豬排會議」就是這樣開始的。我們三人以兩周吃一間店的步調，持續了將近五年，能持續這麼久真不簡單啊！

河　原本以為兩周吃一間店很簡單，但實際做之後發現很辛苦。

M　真的，能持續這麼久真不簡單啊！（笑）

三人往下挖掘
里脊肉豬排的深奧世界

山　將近五年的時間，算起來我們吃了超過一百二十間店，但是我們竟然都不覺得膩呢！

M　為什麼不覺得膩啊!?

河　豬排雖然視覺上看起來都是一樣的，但意外有很多變化。

M　「東京豬排會議」不談論腰內肉豬排，而只討論里脊肉豬排，可能就是不覺得膩的原因之一。至於為什麼焦點只集中在里脊肉豬排上？那是因為里脊肉是兼具瘦肉和肥肉的部位。

山　里脊肉和腰內肉不同，油炸起來很困難，但是說不定正因為是這樣，才能看到每間店下的各種工夫。

M　舉例來說，拉麵的口味有醬

油、味噌、鹽味等等，高湯也有豬骨、海鮮、雞骨，或是兩種混合的，有很多要素互相影響。

河　用麵衣將肥肉和瘦肉包裹起來一起油炸，還是很需要技術的，油炸不同性質的東西必須使用最適切的火候。

M　雖然只是將里脊肉裹上麵衣油炸，但是每間店都有明顯的差異。

山　的確，現在想來，這個「東京豬排會議」吃了這麼多豬排，真的感覺到豬排是變化如此豐富的食物呢！

三人寄託在豬排上的情感

山　而且我們對豬排都有特別的感情。

M、河　的確。

山　就我來說，我是在這種庶民城鎮出生長大的，對我來說，豬排本身就是一種懷舊。不只是豬排，就算變成大人了，小時候吃過的東西的味道，還是會持續影響著我。只不過，人在成長的過程中會認識、記住各種味道，於是對食物變得愈來愈挑剔。但是，年紀漸漸大了，到了約六十歲時，又會開始對小時候吃過的味道感到特別懷念。而這樣的代表性食物之一，對我來說，就是豬排。

M　我的話，我對豬排的感情源自於高中時代學校的食堂，我高中時代學校的食堂有賣豬排，但是數量有限制，我們都要搶著去買，在那之後，豬排在我心中也慢慢變成特別的食物了。然後，我看了益博先生所著的《東京·味之決勝》，書中多方品嘗比較各種食物，這種從來沒人做過的有趣企畫，對我來說也是很大的啟發。不過，要模仿書中的企畫去吃壽司或天婦羅，對學生來說經濟上來說有困難，我能模仿的大概只有豬排、蕎麥麵、拉麵，所以我決定全部吃過一遍，也是從那個時候開始，我深深愛上了豬排。

河　《東京·味之決勝》對我來說也有相同的意義，不過我是從豬排咖哩開始的，因為我是秋田人，秋田不像東京有很多好吃的豬排店，所以我從豬排咖哩開始。高中畢業來到東京後，我也看了《東京・味之決勝》。當時，學生的零用錢能吃到的東西中，豬排是最奢侈的。順帶一提，我在東京吃的店是「ぽん多本家（Pon多本家）」，那是我在東京第一次吃到的豬排，當時的震撼我現在還忘不了。

山　當時里脊肉豬排是多少錢？

河　我記得是二千日圓左右。

M　那大概是現在四千到五千日圓的感覺，對學生來說真的很奢侈了。豬排的「奢侈感」對我來說也是很特別的，雖然小時候祖父也會帶我去吃牛排，不過就「奢侈感」來說，豬排還是壓倒性的勝過牛排。

> 日本應該感到驕傲的料理之一
> 獨一無二的壓倒性奢侈感
>
> ——Mackey 牧元

山　除了這個，豬油的味道也影響我很深，我對豬排一直有著豬油味道很香的印象，那個獨特的甘甜香味，深深烙印在我的腦海裡，那也是讓我感到懷念的其中一個要素。

三人描繪出的豬排魅力

山　大家都對豬排有特殊的感情，但豬排的魅力到底在哪裡呢？

M　以前，我對豬排的印象是奢侈、很有飽足感和豬排醬汁的味道，而這些印象在我的年紀慢慢增加，以及豬肉品質變好後，我發現豬排是很值得驕傲的日本料理之一，也開始覺得廚師努力將豬肉調理得美味的奮鬥過程很有趣。這是我對豬排這麼著迷

很簡單卻很深奧，豬排是不遜於米其林三星餐廳的料理

——河田剛

的原因之一，很簡單卻很深奧。

河　沒錯，只是將豬肉裹上麵衣油炸，卻有壓倒性的力量。豬排厲害的地方在於美味不輸給米其林三星餐廳的料理。

山　這麼說來，西式料理店或西餐廳都供應多種食物，豬排是從那裡誕生的料理，但是仔細一想，同樣是西式料理，炸蝦和可樂餅卻幾乎沒有專賣店。豬排雖然很簡單，但是豬排單一種料理就可以開一間店，就證明了豬排是很深奧的食物吧？

M　油炸的技術就顯示出了豬排有多深奧。例如，有店家只用一個鍋子油炸，也有店家像這裡（とんかつ すぎ田；豬排Sugi田）這樣，分別使用高溫和低溫兩個油鍋油炸。不只是這樣，還有油炸用油的種類、溫度等變化，很難判斷豬排是否炸好了。

山　因為不能中途把豬排切開確認，看到「啊！裡面還沒熟」，就放回油鍋裡繼續炸。

M　所以要掌握好從油鍋裡撈起來的時機，估算好放置多少時間，油炸殘留的熱氣才能讓肉熟透，然後再切塊、裝盤、端出，從客人吃到口中的瞬間往回推算時間，做出最棒狀態的豬排，能計算出這些的都是超一流的豬排店。

河　而且里脊肉同時有肥肉和瘦肉，熟透的時間不一樣，所以又更困難。

M　之前，我去「とんかつ ひなた（豬排Hinata）」時，發現了一件很有趣的事。老闆將豬排從油鍋中撈起來，放置了一段時間後，用手拿起豬排開始搖晃，我想：「這是在幹嘛？」而問了老闆，才知道老闆是用手拿著的重量感判斷油炸的狀態，還說如果手指感覺得到肉汁的流動，就還不能端出去，肉汁還在流動的話，要再放置一段時間才能端上

去給客人。雖然每間店的做法都不同，但是那就是油炸豬排的技術吧！

三人所展望的豬排未來

河　豬排誕生已經過了一百年以上，雖然慢慢的有一些變化，但是像豬排這樣，基本做法一直沒有改變的料理也很少見對吧？就算是法國料理，現在也無法吃到一百年前的料理吧？

山　因為豬排能確實重現百年前的樣子，所以才很深奧啊！在長遠的歷史中，雖然衍生出千層豬排等各式各樣的豬排，卻還是都被淘汰了。

M　還有巧克力豬排什麼的，那個也消失了。

山　對啊，最後只有正統的形式留下來了。這麼一想，豬排就某種意義上來說，是已經進化完成的料理。雖然豬排有少許進化，但是要因為這些進化，突然變得很好吃也非常困難，不過也不會變得不好吃啦！

河　想到豬排的未來，我想說不定豬排在國外也受到重視的時代會來臨。

山　但是在法國，生的高麗菜不受歡迎（笑）。

M　在巴黎開豬排店一定會受歡迎，可以用阿爾薩斯酸菜之類的取代生高麗菜絲。

河　只要換掉配菜就很有可能。

山　還有，豬排有過渡期，或是更廣泛一點來說，是豬肉有一段過渡期。現在吃熟成牛肉的文化已經生根，熟成牛肉的潮流趨緩，世間也開始對霜降牛肉等肉品感到有點厭倦了，就這個層面來說是個好機會，因為牛肉已經變得太過奢侈了。

河　我想豬排本身的形式，一定不會有什麼改變，但客群會變得愈來愈廣。

M　現在豬排都可以寫成書了，電視節目有報導、雜誌也做成專題、網路也爭相報導了，目前為止從來沒有過這種熱潮呢！

山　的確，豬排的熱潮現在正流行呢！

豬排的吃法

Mackey 牧元

在豬排店，我常常生氣到快要爆血管。

因為你看，右邊的人讓端上來的豬排溺死在醬汁裡，左邊的勤學家則邊滑手機邊吃，花了很多時間，麵衣都變得濕軟、肉也變乾柴了。

如果是重覆嘗試後，發展出自己的一套理論，覺得麵衣要用醬汁浸泡才好吃的人就算了。但這人不管怎麼看都是不經思考就把豬排全部淋上醬汁、從最旁邊的一塊開始吃。這樣吃太浪費了，料理要怎麼吃得美味，是上天交付給吃的人唯一的權利，他放棄了這個權利。

雖然我說得好像自己很了不起，但是我也曾經是毫無自覺的在豬排上淋上大量醬汁，從最旁邊的一塊開始吃的人。當時覺得那樣是理所當然的，直到有一天我發現「豬排的魅力就在剛炸好的爽脆麵衣，這樣吃到最後，麵衣的爽脆口感都不見了」，於是我開始兩塊兩塊淋上醬汁，然後變成一塊一塊淋上醬汁。

但是，有一天我又想「不知道豬排不淋醬汁直接吃，會是什麼味道呢？」於是在喜歡的豬排店，試著吃了什麼都沒淋上的豬排，然後發現吃起來沒什麼味道。「豬排真是個厲害的料理，即使肉的品質有點差，醬汁的味道、麵衣的口感和香味，也能讓豬排吃起來很美味。」我發現了這個事實。

然而，豬排是享受豬肉美味的料理，因此，首先要在沒有醬汁幫助調味的情況下，品嘗豬肉的味道，然後再訂定味道的發展方針。首先，直接品嘗一塊豬排，再擬出要加鹽還是途中淋上醬汁，或是沾芥末等作戰計畫。

然後，這麼吃著豬排的時候，我

浮現了該從哪一塊開始吃的疑問。大部分豬排店的里脊肉豬排，從左側到右側會漸漸變窄，左側數來第二塊或第三塊是最寬的部分，那是里脊肉的中心，肉和脂肪的比例均衡，只要在剛炸好的最佳時刻，從那裡開始吃，就不會錯過豬排最美味的瞬間。

那麼來整理一下吃豬排的方法吧！首先是事前準備，服裝要盡量輕便，配合這個料理的特性，禁止穿著領口和腰部很緊的服裝。

前往的時間，不論是中午還是晚上，都是剛開店後為佳。如果店家的廚房是開放式的，可以坐到油鍋前的絕佳位置，觀察廚師油炸豬排的樣子，而且豬排也是用新的油來炸。

接下來，是點什麼豬排的問題，該點里脊肉豬排還是腰內肉豬排呢？這是在豬排愛好者間爭論不休的難題。但是我認為豬肉的美味就在於肥肉的香味，所以堅決擁護里脊肉豬排。里脊肉的脂肪加熱後會融化，將蛋白質的纖維包覆住，產生滑順多汁的口感。還有，香味成分會融在油脂裡，因此里脊肉的香味更強。再加上里脊肉豬排肥瘦兼具，只吃一片就可以享受到各種口感不是嗎？

點餐的時候，如果豬排等級分成特級、高級、普通，那麼要詢問店家等級的差別是什麼？好的店家會以重量或是豬肉品牌區分等級，但若是以部位或肉質的差異當作理由，或無法明確說出理由的店家則要敬謝不敏。而即使理由明確，初次造訪還是要點普通等級，在有理念的店家，即使是普通等級也能充分品嘗到豬肉的美味，如果不好吃，精

豬排的吃法

Mackey 牧元

神損害也比較輕微。

等成為熟客後，也能這樣點餐。如果想吃味道濃厚、中間含有油脂的部位，則說：「今天給我靠肩膀的里脊肉吧！」如果想感受用牙齒切斷柔軟豬肉的醍醐味就說：「幫我炸腰內肉下方那邊的肉」。平常就和店家打好關係，培養出能這樣輕鬆要求的店家也是很重要的。

好了，點完餐了，一邊注視著廚師的一舉一動，一邊想像豬肉加熱至熟透的樣子吧！讓唾液分泌、食欲上升吧！等到豬排大人終於登場，從左邊數來第二塊或第三塊，先不沾任何調味料直接品嘗，放入口中之前，也別忘「養眼一番」，迅速鑑賞那染成粉紅色的切面與半透明的脂肪組成的雙色構造。

為了避免破壞麵衣，要用筷子輕輕夾住肉的那兩面，不沾任何調味料，首先將肉的切面放在舌頭上咀嚼，充分享受慢慢流出的豬肉甜味，與肉本身的香味。

確認過肉的實力後，要開始考慮調味料的組合。例如麵衣含有過多油脂、肉質較不鮮甜時，就要一塊塊淋上醬汁。不只是調味料，也要考慮到高麗菜絲、米飯的三位一體問題，三者要平均的吃，不可失禮的剩下任何一種。吃的時候，三者之間的步調要明快而果決。

還有，高麗菜絲和豬排有獨立型、膝枕型、依存型三種主從關係。分開能活得很好的是獨立型。而像牛排薯條的薯條那樣，吸收豬排的熱氣而變得柔軟的高麗菜絲也很難捨棄，因此我認為最好的是膝枕型。順帶一提，只搭配高麗菜絲或少許馬鈴薯沙拉是最理想的（最困擾的則是荷蘭芹和檸檬）。

要怎麼吃第二塊豬排呢？接下來要在麵衣上灑鹽，麵衣朝上方和下方送進口中，一咬下牙齒就會碰觸到酥脆的麵衣，再陷進肉裡，麵衣的香氣充滿鼻腔，灑了鹽提味的豬肉甜味，會慢慢的擴散。啊啊，太美味了。

這時要吃一口飯，再將筷子伸向高麗菜絲，高麗菜絲一開始要加鹽一起吃，新鮮的甜味令人喜悅。然後可以選擇在高麗菜絲上，淋上豬排醬汁或沙拉醬汁，也可以左邊淋豬排醬汁、右邊淋沙拉醬汁，分別少量多次淋上。要注意豬排醬汁不會滲入高麗菜絲內，要充分混合均勻，並調整分量，避免高麗菜絲上的醬汁流到豬排那側。

豬排可以從頭到尾都加鹽一起吃，如果要淋醬汁，要先淋在一塊豬排的麵衣上，確認醬汁和豬排是否搭配。然後馬上扒飯，中間穿插著喝味噌湯和吃淺漬小菜。也來談談「醬汁要淋在肉上還是麵衣上」的問題吧！正確答案是麵衣，淋在肉上，肉的風味就消失了，醬汁也有減低麵衣殘留的油膩感（雖然愈優秀的店愈不會殘留）的功用，因此淋在麵衣上才是正確的。

然後也談談醬汁要淋偏甜口味還是偏辣口味的問題。如果醬汁不會太甜，我推薦在豬排中心部分淋偏甜醬汁，兩端肥肉較多的部分淋偏辣醬汁。如果店家和「すぎ田」一樣，有提供李派林（Lea & Perrins）的伍斯特醬，就試著淋在豬排的兩端吧！應該會發現醬汁帶有香氣的辣味和清爽的酸味，與豬排的脂肪非常搭配。

其實，以前我也嘗試過豬排和其他調味料的搭配。很多人喜歡淋醬

豬排的吃法

Mackey 牧元

油，但醬油和麵包粉無法融合；美乃滋的味道則和豬排分離，感受不出調味的意義；番茄醬則有明顯的黏膩甜味，讓後味變差；檸檬淋在好的豬肉上，會消除脂肪的香氣，但是相反的，直接擠在肥肉上吃也會很有趣。

也要確認芥末的功用，芥末是油膩感的緩和劑，覺得油膩時就沾芥末，或是吃豬排兩端肥肉較多的部分時也很好用，這和吃比較肥的燉豬肉時，適合搭配芥末是同樣的原理。

在此，我也想特別說明豬排的食用順序。

就我來說，我會在途中先吃邊緣的一塊，享受肉質的變化。還有，如果麵衣很優秀，希望大家務必試試看「豬排麵衣飯」。在吃豬排時，用豬排輕輕敲打米飯，讓麵衣徐徐落下、堆積在米飯上，然後灑上少許鹽一起吃。這是仿照「碎天婦羅飯」的做法，「豬排麵衣飯」可以說是有優質麵衣和使用好油的豬排店獨有的樂趣。

吃完最後一塊（邊緣的部分）、吃完米飯，如果飯碗與盤子已經完全淨空，只留下些微的豬排醬汁痕跡，那麼，你已經深諳吃豬排的奧義了。

這種豬排的吃法如何呢？覺得這樣很麻煩的人請照舊，只不過這樣人生就不有趣了，找尋適合自己的吃法，跟生活的樂趣不也密切相關嗎？吃的樂趣就是人生的樂趣，不可以放棄。

換句話說，用講究的方法吃豬排的人才是人生的佼佼者。改變豬排的吃法，你的幸福也會有很大的改變。

豬排小知識

不同部位的豬排味道

——山本益博

「豬排」的原型是「炸肉排」。不論是米蘭風炸肉排還是維也納風炸肉排，都使用幼牛的肩里肌肉薄片，以少量的油，油炸調理而成。

這種炸肉排的發音從「côtelette（コートレット）」轉變為「cutlet（カットレット）」、「katsuretsu（カツレツ）」，而豬排不使用幼牛肉而是使用豬肉，因此稱為「tonkatsu（とんかつ）」。開始將豬排寫成平假名時，豬排也可以說不再是西式料理，而是重生成為適合搭配米飯的日本料理了。

想必大家都已經明白，正統的「豬排」是「里脊肉豬排」。瘦肉之間帶有恰好的肥肉，兩者會在口中融為一體，不管怎麼說，這才是「豬排」的醍醐味。然而昭和五〇年代（約一九八〇年代）開始，專門收集、處理餐飲店剩餘食物的廚餘處理業者消失，豬隻的飼料從廚餘變成合成飼料後，肥肉就開始出現雜味，失去原本純粹的味道，里脊肉也開始變得不受歡迎了。

西餐廳的菜單上不會有豬腰內肉料理，但洋食屋會採購少量豬腰內肉，並將價格設定得較高，放入豬排的菜單裡。在里脊肉因肥肉帶有臭味而變得不受歡迎後，原本是女性比較偏好的腰內肉，人氣開始高漲。

進入平成時代，養豬業者開始努力提升豬肉的品質，市面上開始出現高價但優質的豬肉後，里脊肉又再度受到矚目，這和伊比利豬的出現也有很大的關係。

一直以來，高級法國料理店都不曾出現過豬肉料理，伊比利豬開始出現在菜單上後，人們開始對豬肉產生興趣，豬肉料理只要品質良好，就算價格較高也會有客人買單，這必須說，伊比利豬的貢獻很大。

現在，豬排專賣店的菜單上，除了里脊肉豬排、腰內肉豬排，甚至還有肋眼豬排、腿肉豬排，但是說到瘦肉和肥肉的比例，我必須要說里脊肉是最佳的。

說到豬排，不可忘記的料理還有「炸肉串」。「炸肉串」是將豬肉和青蔥交錯串在竹籤上油炸而成的料理，但是豬肉和青蔥熟透所需時間不同，因此油炸調理很困難，如果豬肉帶有肥肉又更加困難，因此店家多半會使用瘦肉的部分，但也有店家使用腰內肉，這應該是最能發揮腰內肉特性的用途了。

豬排小知識

豬肉的品種和其特色

——河田　剛

從很久以前，牛肉就有松阪牛和神戶牛等有名的品牌牛存在，但是大家都沒注意到豬的品種。一般認為進入二〇〇〇年後，豬肉品牌開始受到矚目，契機是伊比利豬的熱潮。食用肉品輸入規範放寬的議題等也有影響，國內的養豬業者也開始更加努力培養名牌豬肉。二〇一六年版的「豬肉品牌手冊」（食肉通信社出版），介紹了約四百種豬肉品牌，此外，根據「月刊養豬資訊」編輯部調查，二〇一四年時豬肉品牌數為五百六十七個，而二〇一六年時已經急速增加至約九百個，正是百花齊放之趣。

實際上，豬排店早已經強調使用各式各樣的品牌豬肉，也開始變得很常見了。

不過，現在日本國內生產的豬肉大多數是六大品種——藍瑞斯、大約克夏、杜洛克、盤克夏、漢布夏、中約克夏——互相交配混種而成的。

其中，英國引進的盤克夏豬（黑豬）一直保持純種飼養，現在是鹿兒島的名產。盤克夏豬全身被黑色體毛覆蓋，只有足部和尾巴為白色，因此被稱為六白黑豬。盤克夏豬具有濃厚的鮮甜味道、細致的纖維和甘甜的脂肪，肉質非常適合做成豬排，但是缺點是飼養很耗費時間、價格很高。

同樣稱為黑豬的品種還有沖繩的阿古豬，沖繩阿古豬和盤克夏豬沒有關係，特徵是體型小、脂肪分布細密。市場大量出現的是和其他品種交配混種的品種，因此品牌也分得很細。

在豬排店，很常見的品種是三元豬，國產豬肉大多數分類在三元豬這一類，這是三種品種交配混種而成的豬，由繁殖性優秀的藍瑞斯豬、大約克夏豬，以及脂肪分布均勻、味道良好的杜洛克豬交配混種，取得味道和生產力的平衡，可以說是豬排用的標準品種豬肉。三元豬有名的品牌有山形縣平田牧場所生產的平牧三元豬等。和豬麻糬豬也是三元豬的一種。也有和盤克夏豬交配混種，追求更好味道的例子，東京X就是盤克夏豬、杜洛克豬加上北京黑豬交配混種而成的豬，豬肉整體都有鮮甜味道的脂肪分佈。

不過，這個品種有融點低、難以調理，或是產量非常少的缺點，因此很少在豬排店看到。

不只是品種的交配混種，採用特別飼養方法的例子也很多，有餵食葡萄酒、餵食香草、餵食麥類等各式各樣的方法。其中，ＳＰＦ豬是很常見的一種，ＳＰＦ不是品種，而是指用衛生管理的方法，排除了特定病原菌的豬（請注意並不是無菌豬），品種也是三元豬。

ＳＰＦ豬的代表性品牌「林ＳＰＦ豬」，豬肉味道比較清淡，有些店會以炸成三分熟的柔軟口感當作賣點。

當然，豬肉的味道有豬隻的個體差異和季節差異（夏天豬比較容易變瘦），熟成管理所造成的差異也很大，更不用說廚師的油炸技術也是很大的因素。

豬排小知識

在家裡能做出炸豬排嗎？

——Mackey牧元

在家裡也能重現店裡的美味豬排嗎？我很想說「是的，可以。」

為了重現美味的豬排，首先必須有品質良好的豬肉，可以的話，平常就要和信賴的肉舖購買豬肉、嘗試各種品牌豬肉，找尋沒有多餘水分但充滿肉汁、脂肪融點低、香味甘甜的豬肉。

接著要準備油炸用油。學習「ぽん多本家（Pon多本家）」，取得健康且品質良好的牛油和豬油，以八比二的比例放入鍋中，先用大火加熱，沸騰後關火，攪拌約一小時後過濾，過濾後剩下的油渣也不可浪費，要用壓泥器搗碎使用，不浪費任何一點油脂。

油準備好了，接下來是麵包粉。雖然也可以購買市售的麵包，自己做成麵包粉，但是最好是像「成藏」那樣，請人烘焙不含糖分的麵包，再做成麵包粉，因為含有糖分的麵包粉容易燒焦。當然，為此必須和優秀的麵包店建

立信賴關係，大量購買麵包。能像是「すぎ田（Sugi田）」一樣，向以吐司美味而出名的名店「Pelican（ペリカン）」特別訂製的話，就更理想了。將麵包做成麵包粉時，也不能用食物調理棒等工具絞碎，而是要用刨絲器仔細磨成麵包粉。

肉、油、麵包粉都準備齊全後，就剩下低筋麵粉和蛋了，這些可以不用看得很重要，不過，要先購入銅鍋，當作油炸用鍋。

豬肉切成一人分，切去筋，裹上低筋麵粉、蛋液後，放入加了大量麵包粉的方型深盤內，讓麵包粉靜靜的緊抱住肉，雖然也有裹兩次麵衣的手法，但是一般人還是不要模仿比較好。

接下來是最大的難關——油炸，油炸方法有像是「成藏」一樣，從低溫慢慢提高溫度的方法，但是那很難掌握；也有像是「すぎ田」一樣，準備低溫和高溫兩個油鍋的方法，但是考量到在家調理的成本和空間，這個作法就變得很不現實，還是只能試著用一個油鍋油炸。

為了調整油溫，也要準備油溫計。理想是用一百六十度油炸後，靜置一段時間，最後再用一百八十度的油炸過，雖然理想如此，但在完全不了解加熱程度的情況下，既不能像「のもと家（Nomoto家）」的老闆那樣和肉對話：「今天的肉要

豬排小知識

在家裡能做出炸豬排嗎？

——Mackey牧元

炸久一點」，也很難像「ひなた（Hinata）」的廚師一樣，拿著炸好的豬排就能確認重量，輕輕搖晃就能從中心肉汁的流動，推測出加熱的程度。

豬排的加熱程度無法用分數測量，也無法中途切開確認，最重要的還是油炸的感覺和次數。

如果想要一開始就順利炸好豬排，肉就要切得較薄，或是油炸約一千次掌握感覺（雖然一千次可能也不足夠）。

好了，豬排炸好了，但是調理工作還沒結束，還必須準備高麗菜絲。可以的話，像池上的「燕樂」和「成藏」一樣，現切是最理想的。切成同樣大小的細絲，在吃之前才切，才能保有清爽的甜味，這也需要鍛鍊工夫。

雖然大家應該都能做出美味的米飯和味噌湯，不過，除此之外還要像「ぽん多本家」手工醃漬蘿蔔乾，或是「すぎ田」一樣當場製作芥末。重現豬排定食這條路很長，也很費工夫，雖然不是做不到，但是也能簡單預想到，將辛苦的成果和名店比較時，巨大的落差將令人感到悵然若失，因此，在家裡還是無法炸出豬排。

第2章

東京豬排會議
殿堂級名店

三名東京豬排會議的評審員，
分別以不同的角度毫不留情
評論各店的豬排。
能獲得一致讚賞的店家，
則認定為「殿堂級名店」。
這些店家是肉質、油、
高麗菜絲、米飯等等，
連細節都很完美的名店。

東京豬排會議殿堂級名店 審查基準

首先，三名評審員會分別造訪店家並評分，全部人都給出「20分以上」的店家，三名評審員將一起再次造訪，如果全部人都再度給出「20分以上」，則毫無疑問是「殿堂級名店」。除了豬排以外，對米飯、味噌湯、淺漬小菜等的品質也很要求，因此認定率很低，二〇一七年六月時的認定率約為10%。

本書介紹的店家以外，「燕樂」（池上）、「たいよう」（武藏小山）、「かつぜん」（銀座）也是殿堂級名店。評審員皆在二〇一二年至二〇一七年間造訪各間店多次。

殿堂級

01

〖小川町〗

とんかつ・豚しゃぶ ポンチ軒

豬排・豬肉涮涮鍋 Ponchi 軒

豬排	上里脊肉豬排定食……**1,640** 日圓（160g）
其他推薦	炸牛排定食……**2,440** 日圓（220g）

【豬肉種類】各種墨西哥豬肉、沖繩縣產豬
【油炸用油】芝麻油和玉米沙拉油混合
【定食】
〔米〕越光米
〔味噌湯配料〕白蘿蔔、紅蘿蔔、豬肉
〔味噌〕白味噌
〔淺漬小菜〕白菜、淺漬小黃瓜
〔白飯吃到飽〕無　〔高麗菜絲吃到飽〕無

Shop Data

東京都千代田區神田小川町 2-8 扇大樓 1 樓
03-3293-2110
11:15～13:30／17:30～20:30
休 周日　20 個
可

山本益博

美味的透明肥肉 讓喜歡里脊肉的人都讚嘆

回想起來，「東京豬排會議」是從這間店開始的。雖然第一回的會議上傳了池上的店家「燕樂」，但是「東京豬排會議」的理念、評審方法等，是大家在這間店，一邊大口吃「炸整塊腰內肉豬排」、一邊提出各自想法而討論出來的。

從這間「ポンチ軒」開始介紹的原因之一，是老闆齋藤元志郎先生。他是學法國料理出身，也是一位非比尋常的「油炸食物」求道者。

為了表達對他的敬意，三位評審員討論後，決定選擇這間店作為「豬排會議」的第一家豬排名店。齋藤先生關閉在四谷的法國料理餐廳「Les Maisons de Bricourt」後，在熱海法國料理餐廳「La lune」工作。從在靜岡開設「旬香亭」起，「油炸食物」就是齋藤先生料理的主題之一，之後更在東京的「旬香亭」、「FRITS」磨練技術，而集其大成的店家可以說就是這間「ポンチ軒」。

他徹底研究了豬排所需的肉、麵包粉、油、高麗菜、醬汁，累積了多年的深入研究成果，因此任何人點任何一種豬排都能感到滿足。

如果是兩個人一起造訪，推薦點里脊肉豬排和腰內肉豬排一起吃，如果是三個人以上造訪，那一定要點的料理就是「炸整塊腰內肉豬排」了吧？里脊肉美味的透明肥肉，讓喜歡里脊肉的人都讚嘆；腰內肉香氣強烈，肉質多汁到令人驚訝。不論是哪一種豬排，都與優秀的「超級太陽醬料」伍斯特醬非常搭配。

＝豬排 SCORE＝

肉……3
油……3
麵衣……3
高麗菜絲……3
醬汁……3
米飯……2
味噌湯……2
淺漬小菜……2
特別附註
腰內肉豬排……1

Total
22
Point

殿堂級

Mackey 牧元

豬肉肉質細致　每咬一口甘甜的味道就滿溢而出

二〇一二年七月，在「東京豬排會議」第二回登場的是「ポンチ軒」。當時店家才剛開幕，在晚上造訪的客人只有我們，而現在「ポンチ軒」已經變成了人氣店家，不論何時都座無虛席。因為地理位置的關係，上班族客人較多，但也有女性客人一個人造訪，很美味似的大口吃著上里脊肉豬排。

「ポンチ軒」的豬肉肉質細致，一口咬下後甘甜的味道滿溢而出，雖然脂肪很多，但也很優質，一咀嚼便融化，不斷散發出甘甜的香氣，吃起來清爽不油膩。

不過遺憾的是，可能是中午客人較多，豬排炸得有點過頭，殘留的熱氣讓豬排吃到最後會覺得有點太乾。麵衣使用中等偏粗顆粒的麵包粉，質地偏粗糙，炸得蓬鬆爽脆，雖然味道並不強烈，但要襯托出瘦肉和肥肉的味道，質地還是再平均一點比較好。不過麵衣的油瀝得很乾淨，吃起來感覺不油膩，放在網架上的那一面也沒有變得濕軟。

不管怎麼說，豬排醬汁非常芳香，味道雖然濃厚但不過甜，因此能將豬肉襯托得更美味。還有，桌上放的名古屋太陽伍斯特醬也很棒，辣味讓高麗菜吃起來更甘甜。根莖類蔬菜的香味融在味噌湯中，淺漬小黃瓜和白菜（以前是韓式涼拌小菜口味）、擺盤很膨鬆的高麗菜絲也非常美味。

也請務必嘗試腰內肉，腰內肉充滿豬肉甜味，尤其是特製的「炸整塊腰內肉豬排（限晚上供應）」，香氣豐富得令人驚愕。

＝豬排 SCORE＝

肉……3
油……3
麵衣……2
高麗菜絲……3
醬汁……3
米飯……2
味噌湯……3
淺漬小菜……3
特別附註
腰內肉豬排……1

Total 23 Point

河田 剛

不論哪個項目評比都沒有缺點 各方面都很優秀的豬排

這家店是旬香亭集團的豬排專賣店，以前開設在赤坂，店名叫做「FRITS」，更名並搬遷到小川町約三年。這次「東京豬排會議」是我二〇一二年夏天以來第一次造訪，「ポンチ軒」已經完全變成很受歡迎的店家了。

現在中午經常是客滿的盛況，有時甚至要排隊。「上里脊肉豬排定食」的豬排雖然沒有強烈的個性，但不論用哪個項目評比，都沒有什麼缺點，是各方面都很優秀的豬排。肉質雖然稍微比不了下午一點以後才供應的沖繩縣產豬肉，但是瘦肉的鮮甜味道、脂肪的甜味皆十分充足，即使肥肉占了很大比例，後味也很清爽。麵衣使用中等偏粗顆粒的麵包粉，加上炸至金黃色的調理，具有所謂中庸的魅力。

雖然豬排也可以加鹽或不過甜的豬排醬汁一起吃，但愛知縣的「太陽醬汁（伍斯特醬）」能將肉的味道襯托得更美味，和高麗菜絲也很搭配。使用市售伍斯特醬汁的店家很多，但是很少店家的伍斯特醬汁能有這種水準。

米飯、淺漬小菜、加了大量配料的味噌湯也無懈可擊。五百公克腰內肉整塊油炸而成的「腰內肉棒」，只在晚上供應，也是必吃料理。

＝豬排 SCORE＝

肉……3
油……3
麵衣……3
高麗菜絲……3
醬汁……3
米飯……2
味噌湯……2
淺漬小菜……2
特別附註　無

Total
21
Point

殿堂級

02

【《御徒町》】

ぽん多本家

Pon 多本家

Shop Data

東京都台東區上野 3-23-3
03-3831-2351
11:00～13:45／16:30～19:45；
周日、假日 11:00～13:45／16:00～19:45
休 周一（遇國定假日營業，翌日公休）
33 席　可

豬排	豬排……**2,700** 日圓（200g）
其他推薦	奶油燉牛舌……**4,320** 日圓（150g）

【豬肉種類】LWD 交配、LDB 交配
【油炸用油】自製豬油
【定食】
〔米〕越光米
〔味噌湯配料〕珍珠菇
〔味噌〕八丁味噌、越後味噌
〔淺漬小菜〕小黃瓜、蕪菁、蘿蔔乾、白菜
〔白飯吃到飽〕無　〔高麗菜絲吃到飽〕無

Mackey 牧元

帶有甜味的肉和爽脆的麵衣 帶來幸福的兩種香味

這次我也給了滿分，貨真價實的滿分。品嚐這間店的豬排，我最常想到的詞彙是「香味的美好」。為了讓脂肪和肉平均受熱，店家去除了里脊肉背部側的脂肪，因此雖然是里脊卻沒有肥肉，變得和腰內肉豬排一樣，只有瘦肉。雖然有店家會稍微去除一些肥肉，但完全去除的店家，據我所知只有這裡和代官山的「ぽん太（Pon太）」。

我們之所以不選擇腰內肉，而是選擇里脊肉豬排當作主題，是因為我們認為肥肉才是豬肉的魅力所在，里脊肉有同時享用肥肉和瘦肉的快樂，但是「ぽん多本家」的豬排沒有肥肉。

不，應該說只是沒有大塊的肥肉，瘦肉還是有細微的脂肪交雜其中，所以吃起來不乾柴，而帶有濕潤的香氣，證明店家選擇了脂肪分佈細密的最高級豬肉。

香味的魅力有兩種，一種是當牙齒碰觸到酥脆的麵衣，然後陷進肉質細致的豬肉中，豐富的肉汁和微甜的香味會在口中擴散開來，帶來非常愉悅、讓人想笑開懷的幸福感覺。這溫和的香氣讓人想大喊：「這就是豬肉的香味啊！」同時也讓人心情溫暖。

另一種香味則是麵衣的香味，口感酥脆輕盈、不含多餘油脂的麵衣香味很美好，不單單是豬油的甘甜，而是複雜多層次的香味。這是因為油炸時除了主要的豬油以外，還少量加入製作奶油燉牛肉時所產生的牛油。這麼一來，炸出來的豬排就帶有能讓人食欲大開的豐富香氣。

＝豬排 SCORE＝

肉……3
油……3
麵衣……3
高麗菜絲……3
醬汁……3
米飯……3
味噌湯……3
淺漬小菜……3
特別附註
各種油炸食物……1

Total 25 Point

殿堂級

河田剛

瘦肉的鮮和脂肪的甜交融 正是豬肉的醍醐味

「ぽん多本家」是正統的西式料理店，因此名稱也使用起源於炸肉排的正統名稱「katsuretsu（カツレツ）」。豬肉的炸肉排只有這一種，也沒寫出使用里脊肉還是腰內肉。豬肉切除了相當多的肥肉部分，整形過的豬肉切面有著幾何學的美。只看這個切面，因為主要都是瘦肉，看起來也像是腰內肉。不過只要嘗一口，就能感覺到貨真價實的里脊肉特徵，即使幾乎沒有肥肉，豬肉整體還是帶有脂肪的甜味，脂肪的甜和瘦肉的鮮融合在一起，正是豬肉的醍醐味。

然後，不管什麼時候造訪，麵衣都一樣膨鬆，所含的油脂分量也近乎完美。「東京豬排會議」除了豬排本身，也認為高麗菜、醬汁、米飯、淺漬小菜、味噌湯等配角是重要的要素，全部的配角都很細心調理，可說是這間店的優秀之處。雖然價格確實較高，但有其價值。

＝豬排 SCORE＝

肉……3
油……3
麵衣……3
高麗菜絲……3
醬汁……3
米飯……3
味噌湯……3
淺漬小菜……3
特別附註 無

Total
24
Point

山本益博

不論哪個項目評比都沒什麼缺點
各方面都很優秀的豬排

誕生於明治時代的炸肉排，從炸豬肉肉排、豬排到里脊肉豬排等，改變名稱的同時也持續進化，而現在位於豬排最高巔峰的，就是這間「ぽん多本家」的豬排。

豬排、高麗菜絲、米飯等等，不論哪個都無可挑剔，展現出廚師的技術。任何有良心的廚師，都希望製作出高水準的料理，而優秀的廚師只要看到高品質的食材，不管如何都不會想妥協。因此，這樣完美的豬排價格不可能很便宜。

也因為如此，我絕對不推薦看價格吃豬排的人來吃「ぽん多本家」。「ぽん多本家」從明治時代開始，就持續不斷對西式料理投注心血，我希望只有能尊敬這種工作態度的豬排粉絲，才來享用「ぽん多本家」的豬排。

「ぽん多本家」的豬排是有明治的香味，加上平成的氣氛，巧妙結合而很美味。將「ぽん多本家」推舉為「東京豬排會議」殿堂級名店的同時，我想要說，這也是東京的「最重要飲食文化資產」。（照片為奶油燉牛舌）

＝豬排 SCORE＝

肉	3
油	3
麵衣	3
高麗菜絲	3
醬汁	3
米飯	3
味噌湯	3
淺漬小菜	3
特別附註 奶油燉牛舌、炸沙鮻	1

Total
25
Point

03

殿堂級

《高田馬場》

とんかつ ひなた

豬排 Hinata

Shop Data

東京都新宿區高田馬場 2-13-9
050-5597-5037
11:00～14:30／17:00～21:00；國定假日營業
㊡ 周日 14 個
可

豬排	特選肋眼豬排定食……**3,500** 日圓（250g）
其他推薦	臀肉定食……**1,800** 日圓（180g）

【豬肉種類】 漢方豬肉
【油炸用油】 沙拉油、豬油
【定食】
〔米〕滋雅米
〔味噌湯配料〕叉燒
〔淺漬小菜〕三～四種小菜拼盤（隨季節變更）
〔白飯吃到飽〕無（可免費續一次）
〔高麗菜絲吃到飽〕無（可免費續一次）

Mackey 牧元

肉質細致、味道高雅 一定要搭配鹽一起品嘗

只吃一口，我就不禁驚訝的瞪大眼睛，肉質非常細致，門牙一咬進肉中，甘甜的香味、肉汁就滿溢而出。

豬肉肉質強韌、不過於柔軟，給人咀嚼的快樂，同時味道也有高雅的感覺。細致麵衣香氣濃郁，緊緊附著在肉上，和肉搭配起來很和諧，不含多餘的油脂，吃完後也感覺很清爽。

這個豬排一定要搭配鹽一起吃。

店家特地準備了甜味較強和顆粒較細的兩種鹽。豬排醬汁有兩種，一種較為清爽，另一種則是有恰當的酸味作為基底、甜味較重的醬汁。特別是清爽的醬汁，恰好的酸甜比例，讓高麗菜和豬排吃起來更棒。豬排右緣肥肉較多的部分，加這個醬汁一起吃就會很美味。

湯品現在可以選擇叉燒湯或是味噌湯，這個改變也很好。

還有，「上肋眼豬排」豬肉中間夾雜的一層脂肪也充分加熱了，吃起來肉的鮮甜味道和脂肪甘甜香味交錯，再加上麵包粉的香氣和口感。徹底發揮了豬肉的優點，不用加任何調味料直接吃，也能感受到十二分的幸福。

另外，這間店獨有的臀肉豬排，也能吃到帶有少許脂肪的瘦肉美味。豬頰肉豬排則油炸得恰到好處，較薄的肉內夾雜的脂肪，麵衣的濃郁香味和脂肪的甘甜香味交融，非常美味。

我曾經問過老闆：「為什麼把店開在高田馬場呢？」他回答：「我想在有『とん太（Ton太）』和『成藏』兩間名店的高田馬場一決勝負。」繼過去的上野，新的東京豬排聖地又誕生了。

＝豬排 SCORE＝

肉……3
油……3
麵衣……3
高麗菜絲……2
醬汁……3
米飯……2
味噌湯……2
淺漬小菜……3
特別附註
臀肉豬排、豬頰肉豬排……1

Total
22
Point

殿堂級

河田剛

具有恰好的緊實感和鮮甜味
可以期待今後發展的店家

二〇一七年一月才剛在高田馬場開幕，就已經在網路等媒體上掀起話題。店內只有吧檯座位，但廚房很大，工作人員也很多。這間店的獨特之處在於不只供應里脊肉、腰內肉，還供應肋眼、臀肉等，肉的部位選擇很豐富。

雖然品項多到讓人眼花撩亂，我還是點了上里脊肉豬排定食，店家的擺盤也很少見，一開始就將正中心的一塊豬排切面展示出來。

肉具有恰好的緊實感，充分加熱後有著鮮甜的味道，肥肉也帶有甜味。金黃色的麵衣緊緊附著在肉上面，炸成相當脆硬的口感，雖然剛開始麵衣會碰觸到舌頭，但是觸感並不會令人在意，油也瀝得很乾淨。

店家提供兩種鹽，不論是哪一種，和其他調味料相較起來，都和豬排很搭配。自製的伍斯特醬淋在高麗菜絲上則能發揮實力，讓高麗菜絲變得更美味。米飯也煮得很鬆軟，品質高於一般標準。湯品不是味噌湯而是叉燒湯，蔥的辛辣味相當明顯。

不管怎麼說，這間店都是可以期待今後發展的店家。（照片為外腿肉豬排）

＝豬排 SCORE＝

肉……3
油……2
麵衣……3
高麗菜絲……2
醬汁……3
米飯……3
味噌湯……2
淺漬小菜……2
特別附註 無

Total 20 Point

山本益博

肉質、油炸火候都無可挑剔
可以獲得優質滿足感的午餐

在豬排激戰區高田馬場突然出現的店家，雖然座位只有十四個，但是菜單品項很豐富，豬肉有里脊肉、腰內肉、肋眼、臀肉、豬頰肉和外腿肉，將豬所有美味的部位都做成豬排。

店家位於學區，因此一千日圓就能吃到「午間里脊肉豬排定食」，上里脊肉豬排定食也只要一千八百日圓。原本我都決定要直接點上里脊肉豬排定食了，但是發現兩者差異只在上里脊肉豬排定食的重量為一百九十公克，因此我改點了午間里脊肉豬排定食。

首先，不加任何調味料大口咬下豬排，肉質、油炸火候都無可挑剔。將筷子伸向右側的肉，再沾上印加天然鹽一起吃，鹽沒有刺激性的鹹味，溫和的襯托出豬排的美味。

高麗菜絲我加了兩種醬汁一起吃，自製的伍斯特醬（清爽款）味道非常高雅。而米飯雖然不軟爛，但也不夠濕潤。取代味噌湯的叉燒湯雖然也很美味，但是搭配豬排稍顯油膩。不過，定食也只要一千日圓，可以說是能獲得優質滿足感的午餐了。

＝豬排 SCORE ＝

肉……3
油……3
麵衣……3
高麗菜絲……2
醬汁……3
米飯……2
味噌湯……2
淺漬小菜……3
特別附註
臀肉定食……1

Total
22
Point

04

殿堂級

【藏前】

特選とんかつ すぎ田

特選豬排 Sugi 田

豬排	里脊肉豬排……2,100 日圓（160g） ※ 米飯 300 日圓、豬肉味噌湯 200 日圓
其他推薦	腰內肉豬排……1,600 日圓（160g）

【豬肉種類】不公開
【油炸用油】豬油
【定食】
〔米〕越光米 〔味噌湯配料〕白蘿蔔、紅蘿蔔、牛蒡
〔味噌〕紅白麴味噌
〔淺漬小菜〕白菜、小黃瓜
〔白飯吃到飽〕無（可免費續一次）
〔高麗菜絲吃到飽〕有

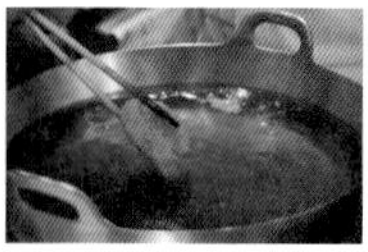

Shop Data

東京都台東區壽 3-8-3
03-3844-5529
11:30～14:00／17:00～20:15；賣完即打烊
休 周四，周三不定期公休 21 個
不可

河田 剛

瘦肉和肥肉的均衡比例 正是豬排的黃金比例

一踏入店裡，首先映入眼簾的是乾淨簡單的廚房和吧檯座位，這是評論油炸食物店家時，必須特別提出的。然後是豬排，第二代老闆使用兩個油鍋，邊調整溫度邊油炸，聆聽平穩的油炸聲響，也是來此吃豬排的樂趣之一。

「すぎ田」的豬排不論哪一塊，肥瘦比例都是固定的，驚訝之餘，讓人不禁想稱之為豬排的黃金比例。還有，很多店家會將等級愈高的豬排切得愈厚，但是「すぎ田」的作法卻堅持維持薄片，因為店家認為這樣的厚度，最能讓瘦肉、肥肉融合為一體，這種做法也讓這間店獨一無二。

「すぎ田」的豬排像是點心一樣精致，和B級美食的豬排明顯不同。前一代老闆曾有麵衣容易剝落的缺點，這次卻已經無懈可擊，從這天的豬排來看，這一代的技術已經超過了上一代。

切成等寬的高麗菜絲也十分清爽。醬汁有兩種，其中一種是英國李派林的醬汁。米飯有濕潤的光澤。豬肉味噌湯為鹽味，鮮甜的味道適切的襯托出豬排的美味。豬排以外的配角也精心製作，這可以說是這間店持續了兩代的自傲吧？是名副其實的殿堂級名店。（照片為嫩煎豬排）

Total

23

Point

＝豬排 SCORE＝

肉	3
油	3
麵衣	3
高麗菜絲	3
醬汁	2
米飯	3
味噌湯	3
淺漬小菜	3
特別附註	無

殿堂級

Mackey 牧元

沒有多餘裝飾的模樣 可見對豬排的敬意和廚師的自信

這是多麼有趣的光景啊！講究的淺色木質吧檯座位桌上，放置著白色盤子，盤內的美食充滿風情，讓人想在動筷前先欣賞一會兒。

里脊肉豬排切成細而均一的塊狀，細致的麵衣緊緊包裹著，肉汁從切面流出，讓肉看起來閃閃發光。高麗菜切成細絲，富含空氣，蓬鬆的堆在盤子上，盤子邊緣還加了一匙芥末。旁邊放著閃爍著光澤的米飯，以及散發著香氣的味噌湯。裡側則是淺漬小黃瓜、白菜、野澤菜。這才是日本正統的定食，也是日本自豪的美麗精神，仔細、誠心的調理，沒有多餘的裝飾，充滿了對豬排的敬意和廚師的自信。

好了，也不能總是一直望著盤子，馬上開動吧！牙齒一碰觸到麵衣，酥脆的麵衣就會裂開，咬進質地細致的肉時，牙齒緊緊陷在肉中，然後，甘甜的肉汁慢慢滲出，脂肪立刻融化。吃著帶有豬油醇厚味道的麵衣和肉，盡情享受豬排獨有的幸福。（照片為炸牡蠣）

＝豬排 SCORE＝

肉	3
油	3
麵衣	2
高麗菜絲	3
醬汁	3
米飯	3
味噌湯	2
淺漬小菜	3
特別附註	
芥末醬	1

Total 23 Point

山本益博

這間店再次告訴我們麵衣在豬排中的重要性

昭和三〇年代的上野和淺草是豬排店的聖地，那時我還是小學生，而我最喜歡的店家是位於淺草國際劇場旁的「河金」。「河金」的招牌是「百匁（約三百六十克）」的豬排，小學六年級的我沒兩三下就吃光，而被老闆河野金太郎摸頭讚許，那是「昭和時代熱愛豬排的少年」誕生的瞬間。現在那間「河金」已經不在了，而說到能代替它的豬排專賣店，就是這間「すぎ田」。「すぎ田」第一代老闆為學習西式料理出身，第二代老闆繼承其理念，持續炸出出色的豬排。店面非常乾淨，炸豬排的兩個油鍋總是刷到發亮。

豬排炸成金黃色、香氣濃郁，豬肉的美味自然不在話下，炸過的麵包粉也是美味超群，可以說是最能告訴我們，麵衣對豬排來說有多麼重要的店家。只要在米飯、味噌湯、淺漬小菜上，投入和麵衣相同的心血，那麼不只是成為淺草的代表性豬排店，甚至成為東京的代表性豬排店，也指日可待了。（照片為炸蝦）

＝豬排 SCORE ＝

肉	3
油	3
麵衣	3
高麗菜絲	2
醬汁	2
米飯	3
味噌湯	3
淺漬小菜	2
特別附註 炸蝦	1

Total **22** Point

05

殿堂級

【高田馬場】

とんかつ 成蔵

豬排 成藏

Shop Data

東京都新宿區高田馬場 1-32-11 小澤大樓 B1F
03-6380-3823
11:00～13:30／17:30～20:00
休 周四、周日 18 個
不可

豬排	特里脊肉豬排定食……**2,900** 日圓（250g）
其他推薦	頂級腰內肉豬排定食……**2,950** 日圓（200g）

【豬肉種類】霧降高原豬
【油炸用油】腸繫膜豬油
【定食】
〔米〕山形縣產輝映米 〔味噌湯配料〕—
〔味噌〕白味噌
〔淺漬小菜〕高麗菜、白蘿蔔、小黃瓜、蘿蔔乾
〔白飯吃到飽〕無
〔高麗菜絲吃到飽〕無

Mackey 牧元

從低溫慢慢油炸
排出多餘的水分、鎖住肉汁

上次評論這間店時，我寫了：「在東京都內所有一千五百日圓可以吃到的豬排中，這應該是最高級的了。」這個想法一直沒有改變。不過，這次要討論的是價格更貴的「特里脊肉豬排定食」。

「成藏」豬排的魅力在於輕盈感。「特里脊肉豬排」花了很多時間慢慢油炸而成，放進油鍋時沒有任何聲響，油溫從約一百三十度開始慢慢提高，因此油炸時能排出多餘的水分，並把重要的肉汁鎖在內部。最後會用高溫油炸，因此不含多餘的油脂，較厚的脂肪和脂肪下的筋也都充分加熱，因此口感良好。

麵衣的顆粒使用中等偏粗，口感酥脆，咬下時會發出清脆聲響，牙齒一咬進肉中，微甜的肉汁就會滲出、擴散，閉起眼睛好好感受美味，令人不禁微笑。一咀嚼脂肪就融在口中，這就是豬排的醍醐味。味道如此溫和的豬排，建議不加任何調味料直接吃，或是只沾鹽吃。一般來說，豬排使用霧降高原豬時，我建議這麼吃。

不過，店家也採購了阿古豬。因為阿古豬味道較強烈，豬排使用阿古豬時，可以將醬汁倒在盤子上，偶爾沾醬汁一起吃。

現點現切的高麗菜絲新鮮而甘甜，將高麗菜絲和剝落的麵衣碎片混合，當作麵包丁沙拉吃也很有趣。

加了根莖蔬菜的豬肉味噌湯無可挑剔，淺漬小菜的陣容為蘿蔔乾、紅蘿蔔、小黃瓜、高麗菜。雖然淺漬小菜和米飯已經是上好的等級，但只要再向上提升一些，就會是最強的定食。

＝豬排 SCORE＝

肉	3
油	3
麵衣	3
高麗菜絲	3
醬汁	3
米飯	2
味噌湯	3
淺漬小菜	2
特別附註 豬排蓋飯	1

Total 23 Point

※注：店家現已改名為「豬排 Narikura（とんかつ なりくら）」，由原本的工作人員於原址繼續營業，供應品項略有出入，目前不供應頂級腰內肉豬排定食。原「豬排成藏（とんかつ 成蔵）」則於二〇一九年七月遷移至東京都杉並區成田東 4-33-9。

殿堂級

河田剛

當代最傑出的高級名牌豬料理名店

高級的肉更能發揮「成藏」豬排的真正實力，因此這次我們選擇了「特里脊肉豬排定食」。

這間店豬排的特徵在於細致，麵衣輕盈、酥脆的口感，讓人聯想到甜點。霧降高原豬的里脊肉肉質紮實，帶有充足的鮮甜味道，脂肪香氣濃郁。店家準備了優秀的醬汁和鹽，但是豬排完全不用調味就很美味。

使用偶爾採購的阿古豬時，豬肉的力量更是顯而易見，可以說是調理品牌豬的當代名家。高麗菜也切得整齊細膩，吃在口中沒有尖銳觸感，卻仍保有纖維感，給人吃蔬菜的爽快感受，高麗菜絲加沙拉醬、豬排醬汁都很搭配。

豬肉味噌湯有大量配料，也充分引出了味噌的香味。雖然米飯、淺漬小菜也很美味，但作為平成時代豬排的先驅，應該能達到更高的水準吧？不過，不論從哪個角度來看，水準都很高，是名副其實的殿堂級名店。

＝豬排 SCORE＝

- 肉……3
- 油……3
- 麵衣……3
- 高麗菜絲……3
- 醬汁……3
- 米飯……2
- 味噌湯……3
- 淺漬小菜……2
- 特別附註　無

Total **22** Point

山本益博

以肉七、麵衣三的比重調理而成「平成時代豬排」的傑作

豬排是「油炸」而成，天婦羅也是「油炸」而成，但是天婦羅名店「みかわ是山居（美川是山居）」的老闆早乙女哲哉先生曾經直言：「天婦羅是用蒸和烤兩種方法做出的料理。」

也就是說，油炸時水分還留在麵衣的期間是「蒸」，水分消失後則開始「烤」，油炸就是控制這兩種調理方法的過程。品嘗早乙女先生炸出的星鰻，就能深切體會到他所言不虛。

這樣來看，「成藏」的豬排在「蒸」的調理上無可挑剔，特別是將里脊肉汁鎖住的方法可以說是接近滿分。只要再加上麵衣的香氣，對於夢想永遠當個豬排少年的我來說，只要持續造訪這間店，就可以一直做著這個夢。

那個在東京庶民城鎮生長、熱愛豬排的少年，特別喜愛淺草「河金」用豬油「烤」得芳香的麵衣，如果說那是「昭和時代豬排」，那麼「成藏」以肉七麵衣三的比例調理而成的豬排，就可以說是「平成時代豬排」的傑作。

＝豬排 SCORE＝

Total **22** Point

肉……3
油……2
麵衣……3
高麗菜絲……3
醬汁……2
米飯……3
味噌湯……3
淺漬小菜……2
特別附註
炸蝦……1

殿堂級

06

《秋葉原》

丸五

豬排	特里脊肉豬排……**1,850 日圓**（170g）
其他推薦	腰內肉豬排定食……**2,100 日圓**（140g）

【豬肉種類】岩中
【油炸用油】玉米沙拉油、芝麻油
【定食】
〔米〕宮城一見鍾情米　〔味噌湯配料〕鴨兒芹、珍珠菇、豆腐
〔味噌〕八丁味噌、信州味噌
〔淺漬小菜〕隨季節變更
〔白飯吃到飽〕無（可免費續一次）
〔高麗菜絲吃到飽〕無（可免費續一次）

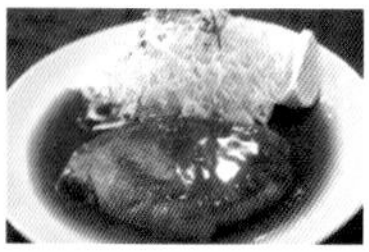

Shop Data

東京都千代田區外神田 1-8-14
03-3255-6595
11:30～14:00／17:00～20:00
休 周一；每月第一、二、三個周二
34 個　不可

山本益博

不矯揉誇飾、認真製作出美麗正統的豬排

很久以前，導演伊丹十三曾經為了拍攝電影《蒲公英》而來訪問我，他說：「請教我辨認出美味拉麵店的方法。」

我回答：「店家外觀自然不造作、店內非常乾淨，還有，桌上的筷筒、胡椒罐、牙籤罐、菸灰缸等，以等間隔排好的店家，大多不會難吃。」光從這點就可看出廚師總是認真的重複同一件事情，不矯揉誇飾的工作態度。雖然秋葉原的豬排店「丸五」不是拉麵店，但是完全符合這些條件。

店家座落在秋葉原電器街中，店內整齊乾淨、沒有多餘的裝飾，坐上吧檯座位就可以看到豬排醬汁、岩鹽、芥末、蕗蕎、梅干整齊的排成一列。

我點了特里脊肉豬排並升級為套餐（附米飯、紅味噌湯、淺漬小菜）。豬排花時間慢慢油炸而成，看起來不大卻很有分量，肉質多汁，咀嚼起來的口感、味道也很好，如果能切成平均的大小、油瀝得再乾淨一點就無可挑剔了。

配菜不只有高麗菜，而是有多種蔬菜，像是在吃沙拉一樣。我在十一點半剛開店就造訪，因此米飯也無可挑剔，但可能會隨著時間不同而異。紅味噌湯加了豆腐和珍珠菇，香氣濃郁，淺漬小菜也是如此。

因為這豬排如此美妙，所以我想我也要表達敬意，於是將盤子內的食物全部吃得一乾二淨，才離開了店裡。

秋葉原有這樣的店，或許也可以說是小小的奇蹟。

＝豬排 SCORE＝

肉	3
油	3
麵衣	2
高麗菜絲	3
醬汁	3
米飯	3
味噌湯	3
淺漬小菜	3
特別附註	無

Total 23 Point

殿堂級

Mackey 牧元

靠近肩里脊肉部位的肉
有咀嚼脂肪和細密肉質的快樂

這家店位於優秀餐廳較少的秋葉原，因此中午開店前就有長長的排隊人龍，是非常受歡迎的豬排店。二層樓的店內，非常乾淨。

盛裝醬汁、芥末、醬油、鹽、蕗蕎和小梅乾的容器，都以同樣的順序、等寬的間隔整齊放在桌上，也證明了這是間好餐廳。

里脊肉豬排的切面，泛著肉汁濕潤的光澤，好像在說：「請快點吃掉我」，光是這副光景，喜愛豬排的人就難以抵抗了。中等偏粗顆粒的麵衣緊緊附著在肉上，酥脆芳香，不含多餘的油脂。

肉質細致，有豬肉原本的甜味，脂肪也會立刻融化。腰內肉豬排的麵衣容易剝落，雖然令人有點在意，但是散發著甘甜的香味，具有腰內肉豬排的魅力。

特別推薦「特里脊肉豬排」，豬排使用靠近肩里脊肉部位的豬肉。因為靠近肩里脊，所以不只帶有豬背部的脂肪，肉之間也夾雜著油脂，而這些脂肪層也充分加熱過，並不影響口感，可以感受到優秀而細心的調理技術，讓豬排充滿咀嚼脂肪和細密肉質的快樂。（照片為生菜沙拉）

Total **22** Point

＝豬排 SCORE＝

肉	3
油	3
麵衣	3
高麗菜絲	3
醬汁	2
米飯	2
味噌湯	3
淺漬小菜	2
特別附註 生菜沙拉	1

河田 剛

細心的工作態度很吸引人
外觀樸實的實力店家

座落於秋葉原大樓之間的窄巷，外觀讓人感受到其悠久的歷史。店內裝潢雖然老舊但維持得很乾淨，狹窄的廚房內擠著很多工作人員。我點了特里脊肉豬排加上米飯、紅味噌湯、淺漬小菜的套餐，豬排採用較低溫度、油炸較長時間的方法。

負責油炸的廚師會將炸好的豬排用筷子夾起，就這樣仔細觀察，確認豬排油炸的情況，可以看出廚師謹慎的工作態度。豬排雖然沒有特別強調使用品牌豬肉，但是肥瘦比例剛剛好，也有鮮甜的味道。麵衣色調偏白，細致而口感酥脆，幾乎感覺不到多餘的油脂。

桌上放著鹽和豬排醬汁，不論哪一種搭配豬排都很美味。豬排醬汁雖然質地濃稠，但味道不會太濃厚。高麗菜切得整齊均一，米飯、醃漬小菜也在一般水準之上，加了豆腐和珍珠菇的紅味噌湯，更引出了味噌的香味。飯後還提供免費的茉莉茶。可以說是外觀樸實的實力店家吧？（照片為腰內肉豬排）

＝豬排 SCORE＝

肉	3
油	3
麵衣	3
高麗菜絲	3
醬汁	3
米飯	2
味噌湯	3
淺漬小菜	2
特別附註	無

Total 22 Point

殿堂級

07

《芝公園》

食は生命のもと のもと家

食物為生命之源 Nomoto 家

Shop Data

東京都港區芝公園 2-3-7 玉川大樓 2F
03-6809-1529
11:30～14:00／17:30～20:00；
周六 11:30～14:00（售完即打烊）
周日、國定假日 21 個
不可

豬排	特選里脊肉豬排 160g 定食……**2,100** 日圓（160g）
其他推薦	特選腰內肉豬排定食……**2,100** 日圓（60g×2）

【豬肉種類】六白黑豬
【油炸用油】兩種豬油
【定食】
〔米〕鹿兒島湧水米
〔味噌湯配料〕豬肉、牛蒡、白蘿蔔、紅蘿蔔、高麗菜
〔味噌〕Kaneyo 麥味噌山吹
〔淺漬小菜〕柚子白蘿蔔
〔白飯吃到飽〕無 〔高麗菜絲吃到飽〕無

山本益博

瘦肉加熱得剛剛好是多麼美味！

店家位於住商混合的大樓二樓，以豬排店來說，地點相當不好，即使如此，營業日開店前，就已經有好幾個人在微暗的樓梯間排隊。

點了菜單上的「里脊肉豬排定食（限午間供應）」、「特選里脊肉豬排定食」、「特選腰內肉豬排定食」三種定食。然後，我就了解這間店如此受歡迎、開店前就有上班族排隊的祕密了。

只限午餐時間供應的「里脊肉豬排定食」一千日圓，真的很出色，肉質、油炸技術與其他的定食相比毫不遜色，分量也很足夠，內容充實，讓人都想在特別附註項目註記稱讚了。午間的里脊肉豬排都這麼美味了，特選里脊肉豬排和特選腰內肉豬排就更不在話下。

我先從腰內肉豬排開始品嘗，開始吃腰內肉豬排時，豬排約為八分熟，油炸的方法帶出了腰內肉的香味和甜味。

接下來，我將手伸向里脊肉豬排，瘦肉連中心都加熱得剛剛好，多麼美味！還有，肥肉味道清甜，含在舌頭上會立刻融化，香味清爽，加上麵衣的酥脆口感，吃起來更加愉快。

如此完美的豬排，應該不需要調味料帶來的變化吧？如果要調味，現磨的真山葵莖泥應該會是最佳選擇。店家在味噌湯、淺漬小菜上，也和豬排投注了一樣多的愛，令人安心。

期待有一天店家可以離開這個地點，在一樓的店面開設「のもと家」，為了實現這個願望，「豬排會議」也會全力支持。

＝豬排 SCORE＝

肉	3
油	3
麵衣	3
高麗菜絲	3
醬汁	3
米飯	2
味噌湯	3
淺漬小菜	3
特別附註	無

Total 23 Point

殿堂級

河田 剛

以一千日圓的豬排來說是東京都內數一數二的美味

以前在淺草有間「豚珍館」，當時的主要食材就使用鹿兒島縣的六白黑豬。六白黑豬肉有充足的鮮甜味，只要油炸技術夠好，就是最適合做成豬排的豬肉，而「のもと家」的老闆則發揮了黑豬的十二分實力。另一方面，「のもと家」也不斷嘗試各種豬油和麵包粉，在錯誤中改善、修正，做出了香氣更濃郁、口感更好的豬排。

雖然午間的一千日圓「里脊肉豬排定食」據說是使用鹿兒島縣產的白豬，不過品質也很好，以這個價位能吃到的豬排來說，可以說是東京都內數一數二的了。

店家使用鹿兒島縣的食材，因此我建議豬排沾偏甜的醬油和山葵莖泥一起吃，偶爾變換口味也會很有趣。不過考慮到豬肉的強烈力量，鹽和芥末還是最能提味的，加了芝麻的醬汁沒有什麼出場的機會。

不論何時造訪，米飯的品質都一樣良好。淺漬小菜的柚子白蘿蔔能恰好的提振胃口。必須特別一提的是豬肉味噌湯，加了大量硬度適中的蔬菜，調味也不過於強烈，可以說是名配角。

＝豬排 SCORE＝

肉	3
油	3
麵衣	3
高麗菜絲	2
醬汁	2
米飯	3
味噌湯	3
淺漬小菜	3
特別附註 炸蝦	1

Total 23 Point

Mackey 牧元

隱藏在便宜的價格背後是對豬排的真誠理念

我在中午開店前造訪時，就已經有人在排隊了，雖然也是店家所在地點上班族較多的關係，不過也代表老闆對豬排的真誠理念有傳達到客人心中吧？

這次吃了午間的一千日圓「里脊肉豬排定食」，我再次加深了這個想法。不論是肉質還是其他配菜，品質都非常好。在東京都內千元可以吃到的豬排中出類拔萃，可以感受到老闆對豬排的愛，即使定價便宜也想要做出好的豬排。

本次討論的「特選里脊肉豬排」和里脊肉豬排相比，肉質更細致、味道更濃厚，十分超值，能品嘗到十二分的豬排醍醐味。中等偏粗顆粒的麵衣也很酥脆，不含多餘的油脂，吃起來十分爽快。麵衣和肉的比例很均衡，是非常好的豬排，只要再多一點豬油的醇厚味道，就會更美味吧？

豬排的調味料有山葵莖、豬排醬油、自己研磨的芝麻，服務周到。既然供應這麼多調味料，想減少或許也需要一些勇氣，不過這麼優秀的豬排，加鹽和豬排醬汁一起吃就十分足夠了。

＝豬排 SCORE＝

肉……3
油……3
麵衣……3
高麗菜絲……3
醬汁……2
米飯……2
味噌湯……2
淺漬小菜……3
特別附註
午間定食……1

Total
22
Point

column

難忘的豬排名店

山本益博

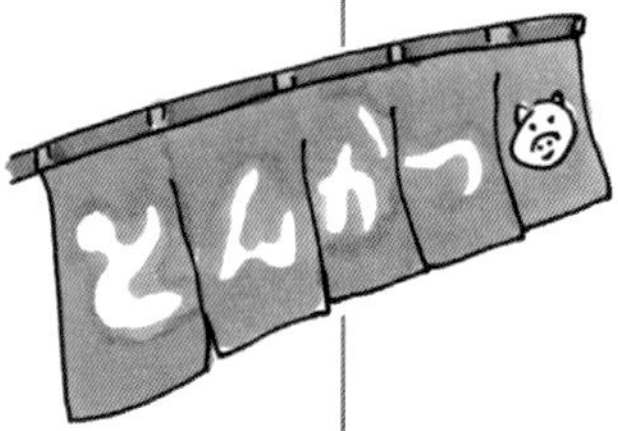

1/2

　我愛上豬排的契機已經在正文寫過很多次，就如前述，是小時候在「河金」所吃到的豬排。那是我小學約四、五年級的事情，「河金」位於淺草國際劇場（現在的淺草豪景飯店）旁，除了一般的豬排以外，還有提供「五十匁」、「一百匁」的豬排，而「一百匁」的豬排約和小學生的臉一樣大。

　我在小學六年級時，沒三兩下就能把「一百匁」的豬排全部吃完，老闆河野金太郎先生還摸了摸我的頭說：「小弟，你真能吃啊！」那就是「熱愛豬排的少年」誕生的瞬間。

　現在「河金」已經不在那個地方了，不過「一百匁」豬排的傳統，由神田小川町的「ポンチ軒（Ponchi軒）」繼承了下來，而在荻窪的「たつみ亭（Tatsumi亭）」則可以品嘗到味道幾乎相同的豬排。

　大學時期，我在澀谷道玄坂上的加油站打工，加油站的女性行政職員告訴我，澀谷車站地下鐵車庫的鐵道旁、「壽司文」的後面，有一間豬排店。我聽了之後馬上就去造訪那間店。

那間店所使用的麵包粉很細致，豬排有著甘甜的香味，去過一次就喜歡上了那間店，一直到辭掉加油站的打工前，我都很常去那間店。

但是不知何時，那間店在都市更新中消失了。店名的確有一個「豬」字，但我怎麼都想不起全名。不知道有沒有哪位知道那間店的名字呢？

同樣在大學時期，我還喜歡吃的另一間豬排店，它位於御徒町的「雙葉分店」。

「雙葉」的本店則位在上野，座落於傳統藝能「講談」的常設演藝空間「本牧亭」前，和「ポン多（Pon 多）」、「蓬萊屋」並稱為上野的豬排三大名店，聲望很高，甚至成為電影《豬排一代（とんかつ一代）》的致敬對象之一。

我對豬排的喜愛承繼自父親，喜愛豬排的父親曾經造訪過「雙葉」，點餐後等了很久，於是問了工作人員：「還沒好嗎？」工作人員回答：「你這樣催促讓我們很困擾。」父親聽了就氣憤的直接離開了，我也因此不再造訪「雙葉」。

「雙葉分店」開張時，那件事情已經過了很久，加上是分店，心情上沒有負擔，可以輕鬆造訪了。

「雙葉分店」專賣腰內肉豬排，價格也很便宜，但是曾經被報導出和帶著小孩的客人發生糾紛，在那之後不久，就不幸結束營業。「雙葉」本店也在前幾年因為老闆生病而結束營業了。我在一九八二年出版了美食導覽書《東京・味之決勝200》，寫作時藉著採訪的機

column

難忘的豬排名店

山本益博

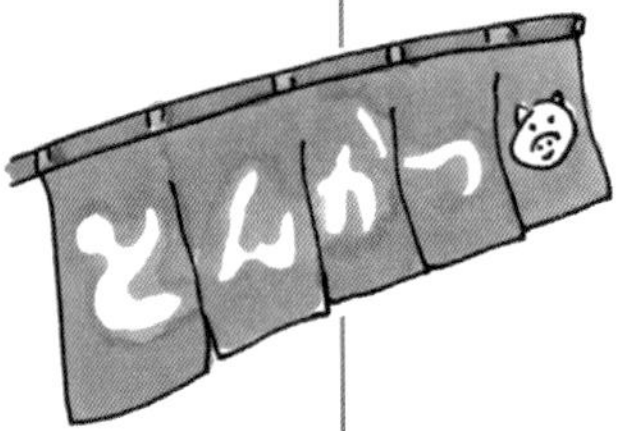

2 / 2

會造訪了「雙葉」，不只是豬排，也成為了「鮮蝦可樂餅」的忠實粉絲。

寫作《東京・味之決勝200》的契機來自小澤昭一先生的提議，當時，我是出版社「新藝能研究室」的一員，總編輯為小澤昭一先生，我則擔任季刊《藝能東西》的編輯。開會時小澤先生常常帶我們到處去吃飯。

吃過的豬排中，我最難忘的是位於青山一丁目的「種長」。在「種長」我吃到了稱為「紙片豬排」的極薄豬排，但小澤先生不叫它「紙片豬排」，而稱做「壓扁豬排」；不過「種長」已經不在了，現在想來，真是懷念啊。

然後，在我的「吃豬排經歷」中絕對不會忘記的，是位於上野的「平兵衛」。

有一天，我在淺草的壽司店「弁天山美家古壽司」吃飯時，坐在旁邊的客人向我搭話：「山本先生，你知道上野的『平兵衛』嗎？」我回答：「不知道。」他就突然斷言：「那你也只是假豬排通吧！」還說：「連『平兵衛』都不知道，真虧你還能寫出東京的豬排導覽書呢！」

於是我問他：「那是在上野的哪邊呢？」他告訴我：「在寶飯店那邊。」我聽了馬上就前往找尋，但怎麼樣都找不到。之後，我和朋友分頭尋找，才終於找到了，「平兵衛」位於赤禮堂後方、蕎麥麵店「上野藪」旁。

踏入店裡，用過的碗盤堆積如山，就算是場面話，也無法說店裡算是乾淨。老闆穿著像是武打藝人還是江湖賣藥郎的仙人風格和服，站在吧檯裡面。菜單上只有一種料理，點餐後，老闆就從冰箱拿出里脊肉塊，徹底去除肥肉，去除了肥肉的里脊肉，看起來就像是「虎屋」的羊羹一般。將里脊肉沾裹上麵粉、蛋液、麵包粉，輕輕放入油鍋中，油鍋中一點聲響也沒有。

豬排花了約二十五分鐘調理而成，美麗得令人著迷，粉紅色的切面閃耀著濕潤的光澤。味道則是我從未吃過的「豬排」味道。很遺憾的，米飯、味噌湯都遠遠不及豬排的水準，在這間店吃豬排，配上啤酒才是最佳的組合。

後來，我和老闆交情好到他會說：「這個你拿回家炒菜吧！」然後把里脊肉切下來的肥肉送給我帶回家。也答應只要不公布店名，就接受電視節目的採訪，我也在周刊誌介紹了這間店，但是過了不久，老闆就逝世了。我現在也時常想：「好想再吃一次『平兵衛』那散發著香氣、充滿光澤的豬排。」在此合掌悼念。

08

殿堂級

〖高田馬場〗

とん太

Ton 太

豬排	特里脊肉豬排定食……**2,160 日圓**（150g）
其他推薦	特腰內肉豬排定食……**2,260 日圓**（120g）

【豬肉種類】和豬麻糬豬
【油炸用油】大豆沙拉油混玉米沙拉油
【定食】
〔米〕越光米 〔味噌湯配料〕豬肉味噌湯（白蘿蔔、紅蘿蔔、牛蒡、香菇、豬肉、豆腐）、蛤蜊味噌湯、海帶芽味噌湯
〔味噌〕信州味噌、仙台味噌
〔淺漬小菜〕隨季節變更的拼盤
〔白飯吃到飽〕無 〔高麗菜絲吃到飽〕無

Shop Data

東京都豐島區高田 3-17-8
03-3989-0296
周二、三、五、六 18:00～21:00（售完即打烊）
㊡ 周一、四、日，國定假日
18 個 不可

Mackey 牧元

吃完之後，充滿甘甜的餘韻
像是高雅的點心令人平靜

雖然店家所在地周圍沒有餐飲店，有點冷清，但是開店前就有人在排隊了。店內完全沒有路過臨時造訪的客人，全都是喜愛豬排的客人，可以感受到大家對豬排的期待充滿了整個店內。在這之中，老闆一個人默默的炸著豬排，光是這個氣氛就令人很開心了，真是間好店。

豬排從低溫開始慢慢油炸，麵衣使用中等偏粗顆粒的麵包粉，炸成淡金黃色，不含多餘油脂，清爽、酥脆的口感吃起來很舒服。肉的切面十分多汁，而肉的中心還保留著粉紅色。不沾任何調味料直接吃，就可以感受到爽脆的麵衣中，充滿了肉的溫和甜味，以及肉質的細致。這間店的特徵，是吃完豬排後的餘韻充滿甘甜香味，像是高雅的點心般令人平靜。

自製的伍斯特醬甜味和鮮味都不會太過濃厚，酸甜比例也很平衡，清爽不膩，加上豬排的甜味或麵衣的味道，會產生另一種美味。高麗菜絲很新鮮，味噌湯有豬肉、蛤蜊、海帶芽三種口味可供選擇，這也讓人覺得很開心。特里脊肉豬排搭配的醃漬小菜為高麗菜、紅蘿蔔、白蘿蔔、蕪菁和小黃瓜，雖然只是稍微醃漬過，但仍然非常美味。店家還提供芝麻和小小的研磨缽，也有人會把豬排醬汁加進去沾著吃，不過豬排醬汁還是不加任何東西，直接搭配豬排比較美味。芝麻可以直接灑在米飯上，或是和鹽混合灑在豬排上，吃起來味道也很有趣。

這間店的豬排是吃完後，隔天還想再來吃一次的豬排。

＝豬排 SCORE＝

肉	3
油	3
麵衣	3
高麗菜絲	2
醬汁	3
米飯	2
味噌湯	2
淺漬小菜	3
特別附註 炸白肉魚	1

Total
22
Point

殿堂級

河田 剛

從肉質到調理都很優秀 綜合力突出的豬排

雖說店家位於高田馬場，但是地點位於離車站很遠的學習院下。店家外觀很有趣，紅色遮雨棚上寫著店名和電話號碼，很有大眾食堂的風格，但是玄關周圍又是割烹餐廳風格的裝潢。

平日中午開店前就已經有人在排隊，一開店就立刻客滿。「特里脊肉豬排定食」是非常均衡的一道，肉的切面漂亮整齊，只殘留著些微的粉紅色，肉本身就有充足的鮮甜味。店家似乎建議豬排先加鹽一起吃，提供越南產和中國產兩種鹽，兩種都有讓豬肉變得更美味的力量。

醬汁只有伍斯特醬一種，標示寫著希望使用濃厚豬排醬汁的人，請將它和番茄醬混合，但是伍斯特醬香草和香辛料的香味很濃厚，不加番茄醬應該也不錯。

麵衣顏色偏白，炸得很蓬鬆，在口中會慢慢剝落，雖然含了多一點油脂，但是還不到令人在意的程度。總結來說，缺點很少，綜合力確實位居前段。（照片為炸牡蠣）

Total 22 Point

＝豬排 SCORE＝

肉……3
油……3
麵衣……3
高麗菜絲……2
醬汁……3
米飯……3
味噌湯……2
淺漬小菜……2
特別附註
炸牡蠣……1

山本益博

包括米飯、味噌湯、淺漬小菜都是東京都內數一數二美味

睽違三年再次造訪這間店，在開店二十分鐘前抵達，就已經有人在排隊了，受歡迎的程度不只是完全沒有降低，甚至還感覺增加了。

這次為了審查這間店是否能進入「豬排殿堂」，評審委員三人一起造訪這間店。一個人來的時候只能點「特里脊肉豬排定食」，三個人一起來就能多點「特腰內肉豬排定食」和「炸牡蠣定食」。

排隊的客人幾乎都點了特里脊肉豬排，不論是豬排的肉質、油炸火候、油質等等，任何一項都無可挑剔，和我三年前的印象相比，幾乎沒有改變。特腰內肉豬排使用帶有香氣的腰內肉，調理火候也是絕妙。另外，炸牡蠣吃起來可以感受到海潮的香味充滿整個口中，可以說是極好的一道菜。

雖然店家的外觀看起來像是東京隨處可見的豬排店，但是豬排定食的內容，包含米飯、味噌湯、淺漬小菜，都可以說是東京都內數一數二的美味。

負責外場的老闆娘記憶力也令人驚嘆，幫客人點餐時不用筆記，卻不會搞錯任何品項，手腳俐落的照點餐順序上菜，包括這個服務態度，我想將「とん太」推舉為「殿堂級」豬排店家。

＝豬排 SCORE＝

肉	3
油	3
麵衣	3
高麗菜絲	2
醬汁	3
米飯	3
味噌湯	3
淺漬小菜	2
特別附註 炸牡蠣	1

Total 23 Point

殿堂級

09

【《荻窪》】

西口とんかつ たつみ亭

西口豬排 Tatsumi 亭

Shop Data

東京都杉並區上荻 1-10-4
03-3391-2355
11:30～14:00／17:00～21:00（售完即打烊）
㊡ 周三
21 個 不可

豬排	豬排定食……**1,450** 日圓（135~150g）
其他推薦	腰內肉豬排定食……**1,500** 日圓（120~130g）

【豬肉種類】宮崎縣產 SPF 豬
【油炸用油】純正豬油
【定食】
〔米〕越光米
〔味噌湯配料〕白蘿蔔、紅蘿蔔、馬鈴薯、牛蒡、青蔥
〔味噌〕米麴味噌
〔淺漬小菜〕米糠醃高麗菜、白蘿蔔、小黃瓜、白菜（可能變動）
〔白飯吃到飽〕有 〔高麗菜絲吃到飽〕無

河田 剛

適度加熱
帶出ＳＰＦ豬的鮮甜味道

店家位於荻窪白山神社對面，外觀看起來有些樸素，描繪著豬臉的招牌，簡直就像是電影導演小津安二郎的電影出現的「卡路里軒」一樣，總而言之，它就是街上常見的普通豬排店，但是所供應的豬排卻美味得非比尋常，令人驚訝。

荻窪車站前的「春木屋」和「丸福」旁曾經是「たつみ亭」本店，據說「たつみ亭」的老闆就是從那裡獨立出來的，車站南口也有同名的「たつみ亭」，兩家店老闆有親戚關係。

這次為了審查這間店是否能成為殿堂級，我點了平常不會點的上豬排和炸肉串。上豬排因為體積較大，除了切成長條狀以外，還橫向多切了一刀。

據說「たつみ亭」本店的創立者是在目黑的「とんき（Tonki）」學習豬排調理技術的，但是這間店完全感受不到曾經受過「とんき」的影響，打造了自家獨特的豬排形式。

這間店使用的豬肉是ＳＰＦ豬肉。說到ＳＰＦ豬肉，將其炸成三分熟豬排是很受歡迎的料理方式，店家把肉適度加熱，確實引出豬肉的鮮甜味道。金黃色的麵衣緊貼著肉、口感溫和，油也瀝得很乾淨。豬排醬汁雖然很濃厚，但是後味爽快。

米飯、豬肉味噌湯都非常仔細調理。淺漬小菜帶有較強的發酵酸味，可能不是每個人都會喜歡。炸肉串只要看到塞滿肉和蔥的切面，自然就會食指大動，工作結束後，喝啤酒配這個炸肉串和馬鈴薯沙拉，一定很棒。

Total 22 Point

＝豬排 SCORE＝

- 肉……3
- 油……3
- 麵衣……3
- 高麗菜絲……2
- 醬汁……2
- 米飯……3
- 味噌湯……3
- 淺漬小菜……3
- 特別附註 無

殿堂級

山本益博

巧妙的調理技術
引出厚里脊肉的鮮甜味道

只有審查殿堂級店家時，我們三個評審員才會同桌一起吃豬排。只有在這個時候，才能吃到一個人來吃時無法點的料理，在「たつみ亭」，那就是上豬排。

油炸豬排需要相當長的時間，因此我們先點了馬鈴薯沙拉和炸肉串，邊吃邊等待「上豬排」炸好。

在馬鈴薯沙拉中，雖然馬鈴薯是主角，但是其他蔬菜也搭配得非常好，整體味道很出色。最近是青蔥盛產的季節，因此炸肉串中的青蔥散發著熱騰騰的香氣，麵衣香氣濃郁，大口咬下的快感，令人難以抵擋。

雖然炸肉串隱身在菜單的豬排類中，不過絕對是「たつみ亭」的名料理。

上豬排是我目前為止吃過的豬排中，最能感受到肥肉香味和味道的豬排，運用了巧妙的調理技術，從具有一定厚度的里脊肉中引出豬肉鮮甜，是一道可以享受到豬排醍醐味的珍貴料理。

米飯、味噌湯、自製的淺漬小菜，不論哪一個都完美無缺。老闆真不愧出身於以稻米聞名的新潟縣，剛煮好的米飯美味程度，可說是首屈一指。

（照片為淺漬小菜）

Total
24
Point

＝豬排 SCORE＝

肉……3
油……3
麵衣……3
高麗菜絲……2
醬汁……3
米飯……3
味噌湯……3
淺漬小菜……3
特別附註
炸肉串……1

Mackey 牧元

像是和麵衣的甘甜相互結合般 融點低的脂肪融化消失了

荻窪曾經有過一間「たつみ亭本店」，老闆是從目黑的「とんき」出身。「とんき」創立者來自新潟縣，工作人員全部都是新潟人，當然，「たつみ亭本店」，以及從本店獨立出來、本次審查的「たつみ亭」，工作人員也全都出身於新潟。

「たつみ亭」的沾裹麵衣手法、油炸溫度都和「とんき」不同，應該是高齡的「たつみ亭」老闆加上了自己獨特的巧思，並反覆改良作法吧？成果就顯示在厚四點五公分、三百公克的豬排上。

麵衣芳香一如往常，細致的麵衣緊貼著豬肉，散發著甘甜的香味，像是與那香味相互結合一般，豬肉上被切除的低融點脂肪融化消失，只留下甘甜的芳香。雖然中午的里脊肉豬排也很美味，但是我還是希望大家來訪時點上豬排來吃。

淺漬小菜、味噌湯、米飯等配角也很優秀，淺漬小菜作為豬排的穿插搭配非常棒，味噌湯加了大量的根莖類蔬菜，散發著蔬菜和蔥的香氣。豬排醬汁酸甜，因為希望客人不要直接大量淋在豬排上，而倒在小碟子裡端上來，這也是因為店家打從心底希望客人能品嘗到美味的豬排吧？

＝豬排 SCORE ＝

肉	3
油	3
麵衣	3
高麗菜絲	2
醬汁	3
米飯	3
味噌湯	3
淺漬小菜	3
特別附註	無

Total 23 Point

殿堂級

10

〖銀座〗

銀座 イマカツ

銀座 Imakatsu

豬排	特選里脊肉豬排膳……**2,060** 日圓（120g）
其他推薦	招牌炸雞胸肉排膳……**1,550** 日圓（60g）

【豬肉種類】大和豬
【油炸用油】豬油等
【定食】
〔米〕越光米
〔味噌湯配料〕蔥、豆腐、海帶芽
〔味噌〕白味噌類
〔淺漬小菜〕雪白體菜
〔白飯吃到飽〕有 〔高麗菜絲吃到飽〕有

Shop Data

東京都中央區銀座 4-13-18
03-3543-1029
11:30～15:30／18:00～21:30；
國定假日 11:30～20:30
休 周日 50 個 可

Mackey 牧元

新型態的豬排店將帶領今後風潮

「東京豬排會議」曾經在二〇一二年七月討論過六本木的「イマカツ」，當時我是第一次造訪那間店，其新穎的型態讓我有種預感，它將會帶領今後豬排店風潮。

店內裝潢為現代風格、除了豬排也投注心力在炸雞胸肉排；晚上可以吃到現煮的米飯，而且可以選擇米飯的種類，酒的種類齊全等等，提供傳統的豬排店所沒有的服務，女性客人也很多。

「イマカツ」人氣上升後，也在銀座開設了店面，本次殿堂級店家審查的就是銀座店。我們在中午造訪，但是外面已經有人在排隊了，女性客人也很多。豬排和以前的不同之處，在於現在豬肉有兩種可選，除了之前就有供應的「大和豬」以外，還有「四萬十柚子豬」可以選擇。這次我們兩種都品嘗了，四萬十柚子豬的甜味較強，味道也較為濃厚，這種豬肉的豬排適合沾鹽，以及所附的柚子汁一起吃，因為柚子汁的酸味不像檸檬汁那麼強烈，因此和豬排很搭配，特別是肥肉部分。

麵衣變得比以前更細致，和肉的比例變得更均衡，也不含多餘的油脂。高麗菜絲和之前吃的相同，新鮮而甘甜，一邊吃著先送上來的高麗菜絲，一邊等待豬排也是一種樂趣。豬排醬汁味道較強烈，而味噌湯和以前相比，香味變得更好了。

另外，米飯美味一如既往，可以選擇白飯或是十六穀米飯，晚上白飯有越光米、牛奶皇后、Nikomaru 三種可選，這點也很吸引人。配角群內容豐富，唯一的遺憾是只有淺漬小菜有點空虛。

＝豬排 SCORE＝

肉……3
油……3
麵衣……3
高麗菜絲……3
醬汁……2
米飯……3
味噌湯……2
淺漬小菜……1
特別附註
炸豬排三明治……1

Total 21 Point

殿堂級

河田 剛

芳香的金黃色麵衣彷彿與肉合為一體的感覺

雖然第一次在豬排會議裡討論的是六本木店，但是這次要討論的對象是二號店銀座店。六本木店、銀座店的料理水準沒有差別，雖然銀座店剛開店時桌子之間的間隔太過狹窄，不過馬上就改善了。

菜單上除了之前就有供應的「大和豬」以外，還新加上了「四萬十柚子豬」這種品牌豬，因此我們兩種都點了，兩種豬肉都很柔軟、十分鮮甜。飼料加入柚子飼養的柚子豬，後味清爽。芳香的金黃色麵衣彷彿吸附在肉上，有種和肉合為一體的感覺。豬排即使從頭到尾都只沾鹽一起吃，也完全不覺得膩。

這間店必須特別一提的是高麗菜絲和米飯的美味。高麗菜絲將以不同方法切成的高麗菜絲混合，咀嚼起來口感獨特，搭配的芝麻沙拉醬也很對味，讓我總是再續一盤。米飯總是泛著濕潤的光澤，可以品嘗到澱粉的甜味。

另一方面，以前味噌湯的品質不一，現在已經改善，可以確實感受到味噌的風味。淺漬小菜的等級可以再稍微提升。炸雞胸肉排和豬排並稱為兩大招牌，雖然炸雞胸肉排也非常美味，但是這次點的炸豬排三明治中，豬排不含多餘的油脂，醬汁也足夠，和豬排融合得很好。

Total 21 Point

＝豬排 SCORE＝

肉	3
油	3
麵衣	3
高麗菜絲	3
醬汁	2
米飯	3
味噌湯	2
淺漬小菜	2
特別附註	無

山本益博

豬排細致優美 是象徵「平成」時代的味道

豬排蒸炸成金黃色，麵衣為中等偏粗顆粒，而且不含多餘的油脂，肉的熟度絕妙，不論是里脊肉豬排還是腰內肉豬排，都可以享受到細致的豬肉美味。

這個細致優美的豬排，不是「昭和時代」的產物，而可以說是象徵「平成時代」的味道也不為過。

在我們點的豬排炸好之前，高麗菜絲就先端上桌了，讓我們在高麗菜絲淋上芝麻沙拉醬，邊吃邊等待壓軸的豬排登場。昭和時代並沒有這種上菜順序，也就是說，即使沒有高麗菜絲，壓軸的豬排只要有米飯、味噌湯和淺漬小菜搭配，也能享受到其美味。

米飯有「白飯」和「十六穀米」兩種選擇。味噌湯和以前相比，進步了很多。只要在淺漬小菜上多費點心思，就如虎添翼了吧？

此外，菜單上除了之前就有提供的品牌豬「大和豬」以外，還加上了「四萬十柚子豬」，可以享受到帶著微微柚子香氣的清爽味道。還有，炸豬排三明治的肉、麵包、醬汁比例十分完美平衡，表現良好。下次去歌舞伎座看表演時，幕與幕之間的用餐時間，我想帶這個去吃。

＝豬排 SCORE＝

肉	3
油	3
麵衣	3
高麗菜絲	3
醬汁	3
米飯	3
味噌湯	2
淺漬小菜	1
特別附註 炸豬排三明治	1

Total
21
Point

殿堂級

11

〖淺草〗

とんかつ割烹 浅草 あき山

豬排割烹 淺草 Aki 山

豬排	里脊肉豬排御膳……1,944 日圓（170g）
其他推薦	綜合油炸食物御膳……2,268 日圓 腰內肉 2 塊、北海道產天然扇貝 1 個、九州產天然明蝦 1 尾

【豬肉種類】青森三元豬等
【油炸用油】棉籽油
【定食】
〔米〕會津一見鍾情米　〔味噌湯配料〕生海苔、青蔥
〔味噌〕味噌老店的特製混和味噌
〔淺漬小菜〕甘醋醃白蘿蔔、醃漬小黃瓜、壬生菜
〔白飯吃到飽〕無（可免費續一次）
〔高麗菜絲吃到飽〕無

Shop Data

東京都台東區淺草 2 丁目 12-6
03-3847-8441
11:30～14:30／17:30～20:30
休 周一（遇國定假日營業）、周二
14 個　不可

河田 剛

緊實、味道鮮甜的肉與細致麵衣的調和

這間店和豚珍館時代的「のもと家（Nomoto家）」相同，都是我去淺草觀賞虎姬一座的昭和歌謠歌劇秀時，在途中發現的。外觀像是傳統商店一樣，布質招牌上寫著白色的店名「あき山」，吸引了我的注意力，而臨時決定進去用餐。

老闆之前長年在築地經營肉舖，二〇一四年六月才在淺草開設豬排店，豬肉由老闆嚴格挑選、水準很高，讓我吃完滿足的離開了店裡。

在那之後過了約兩年，「あき山」的豬排又進化了。「特上里脊肉豬排膳」不特別講究使用品牌豬肉，而是由老闆選擇中意的豬肉，有緊實的瘦肉、適度的肥肉，比例均衡協調，再仔細加熱引出豬肉的美味。

據說麵包粉也換了，麵衣變得更細致，從緊緊貼合的肉和麵衣也可以感受到老闆的好技術。雖然店家有提供偏甜的豬排醬汁，但是直接吃也很美味。

高麗菜絲加入了切細的荷蘭芹混合，可以同時品嘗到甜味和苦味。味噌湯加了石蓴，味道溫和而獨特。米飯、淺漬小菜也完全不馬虎。

因為老闆曾經在築地工作，海鮮類的料理也很豐富，「特上里脊肉豬排膳」還附有鮪魚生魚片。老闆娘出身於淺草，待客態度也讓人覺得很舒服。

Total 23 Point

＝豬排 SCORE＝

- 肉……3
- 油……3
- 麵衣……3
- 高麗菜絲……3
- 醬汁……2
- 米飯……3
- 味噌湯……3
- 淺漬小菜……3
- 特別附註 無

殿堂級

山本益博

以絕妙的火候 調理精心挑選的肉

這次是我第二次造訪「あき山」，品嘗了里脊肉豬排和腰內肉豬排，真不愧是精心挑選的豬肉，非常美味。腰內肉豬排的油炸火候絕妙，中心熟度介於熟與半熟之間，充分發揮了腰內肉的香味。與其相比，里脊肉則充分油炸至熟透，但是仍能充分感受到豬肉的鮮甜味道。豬肉裹上與其細致肉質相搭配的細麵包粉，麵衣芳香的味道刺激了嗅覺，在如此芳香的麵衣上直接淋上醬汁太可惜了，因此我將醬汁淋在高麗菜絲上，吃一口豬排，再吃一口高麗菜絲調整口中的鹽分，享受豬排的美味。

要離開時，老闆剛好從廚房走出，因此我和老闆打了招呼，那時我問：「為什麼豬排盛盤的時候，您總是把有肥肉的部分放在下方呢？」老闆立即回答：「大塊的肉都會把肥肉的部分放在下方，對我來說那是很自然的事情。」原來如此，長久以來一直抱持的疑問，一下子就全部解開了，這也告訴了我，豬排吃了超過半世紀以上，還是會有很多不知道、不了解的事情。

＝豬排 SCORE＝

肉……3
油……3
麵衣……3
高麗菜絲……2
醬汁……2
米飯……2
味噌湯……3
淺漬小菜……3
特別附註 無

Total 21 Point

Mackey 牧元

麵衣緊貼著肉 證明肉質和起鍋的時機絕佳

這家城鎮裡的豬排店，由親切健談的老闆娘，以及感覺很認真老實的老闆一起經營，充滿了庶民城鎮的人情味。老闆長年在築地經營肉鋪，因為深深喜愛豬排，年過六旬後，在妻子出身的淺草，開設了豬排店。

上次造訪時，我的評價如下：「麵衣炸成偏焦茶色，雖然採用高溫的油炸方法，但是細致的麵衣和肉緊貼在一起，這證明了店家使用不含多餘水分、品質良好的豬肉，以及起鍋瀝油的時機掌握得極佳。可惜豬排油炸得有點過熟，雖然端上桌時是最佳狀態，但是隨著餘溫持續加熱，會漸漸失去吃第一塊時的美味。」

然而，這次造訪時發現些微的調整，首先是麵衣的顏色變淡了，油炸火候也變得更精妙，吃到最後，甚至還可以充分品嘗到細致豬肉的鮮甜味道。麵衣酥脆芳香，用牙齒將豬排咬成兩半，麵衣也完全沒有脫落的跡象。

據說他們後來更換了麵包粉，油炸的方式也稍微改變了。

雖然老闆現在已經年過六十五歲，但是由於精通肉品相關知識、深愛豬排，長年仍然一直不斷追求更好、更美味的豬排，並持續精進。

里脊肉豬排御膳附有小菜和鮪魚的瘦肉生魚片，我想這也是老闆希望客人多吃一點的心意，不過品嘗豬排時，吃生魚片的時機不免有點難以掌握。就我來說，我希望能先送上小菜，配著小菜先喝一杯，再迎接豬排定食，再好不過了。

＝豬排 SCORE＝

肉……3
油……3
麵衣……3
高麗菜絲……2
醬汁……2
米飯……2
味噌湯……3
淺漬小菜……3
特別附註 無

Total 21 Point

殿堂級

12

〖神田〗

万平

萬平

豬排	里脊肉豬排定食……**1,650 日圓**（180g）
其他推薦	腰內肉定食……**1,950 日圓**（190g）

【豬肉種類】茨城縣產
【油炸用油】豬油
【定食】
〔米〕越光米（茨城、枥木縣產）〔味噌湯配料〕豆腐
〔味噌〕白味噌、西京味噌
〔淺漬小菜〕鹽漬的高麗菜和小黃瓜
〔白飯吃到飽〕無
〔高麗菜絲吃到飽〕無

Shop Data

東京都千代田區神田須田町 1-11
03-3251-4996
11:30～13:30（售完即打烊）
㊡ 周末、國定假日
16 個　不可

山本益博

肉、麵衣、油成為三位一體 甚至可以感受到品格

店家位於神田的巷子裡，外觀自然不造作，服務態度簡單明快，不過度熱情也不流於冷淡，對待第一次來的客人或常客都沒有分別，是東京庶民城鎮餐飲店的最佳典型，也是以豬排為主的西式料理店模範。店內氛圍可以感受到昭和時代的懷舊，豬排則充滿了平成時代的力量。

我先從腰內肉豬排吃起，質地細致的麵衣緊貼著肉質細致、味道溫和的腰內肉。並非因為想避開肥肉，我才選擇腰內肉豬排，不管里脊肉豬排如何，這都是值得特地點來享用的腰內肉豬排。

大口咬下，咀嚼的口感真的很爽快，香氣強烈的肉汁會慢慢滲出，不需要豬排醬汁也不需要鹽，光是豬排本身就可以說是美味而完整的一道西式料理。

里脊肉豬排也不輸腰內肉豬排，肉、麵衣、油三位一體，甚至可以感受到其品格。不只是豬排，「萬平」的料理不論哪一道都簡潔而樸素。味噌湯使用白味噌，配料只用豆腐。淺漬小菜的內容也始終如一，夏季提供淺漬高麗菜和小黃瓜，冬季則只有白菜（雖然白菜的鮮味調味料令人在意，感覺有點可惜）。「萬平」的豬排可以感受到優秀的廚師手藝，讓人想頒發傳統料理廚師獎給它，現在甚至可以說是昭和時代東京庶民城鎮傳承下來的財產，毫無疑問我想推舉這間店為「豬排殿堂級名店」！（照片為腰內肉豬排）

＝豬排 SCORE＝

- 肉……3
- 油……3
- 麵衣……3
- 高麗菜絲……3
- 醬汁……2
- 米飯……3
- 味噌湯……3
- 淺漬小菜……2
- 特別附註
- 腰內肉豬排……1

Total

23

Point

殿堂級

河田 剛

肉質像是高級布料一樣 纖維細而密

店家外觀非常樸素，對沒造訪過的人來說，很難看出是一家供應美味豬排的餐廳吧？這間店的豬排採用其他店家很難見到的獨特作法。麵衣使用很細致的麵包粉、厚度很薄，薄薄的麵衣緊貼著肉，加上微微的豬油香味，令人胃口大開。

肉的脂肪較少，但是纖維和高級布料一樣細而密，愈咀嚼愈能感受到滲出的鮮甜味道。豬排醬汁偏甜，因此我想要加上鹽搭配，可惜桌上看不到鹽罐。豬肉本身的調味已經足夠，不加任何調味料吃起來也很美味。

高麗菜切得很細，從這點也可看出老闆仔細的工作態度。米飯粒粒分明，即使飯量偏多仍然讓人想再續一碗。淺漬的白菜發酵得恰到好處。味噌湯使用白味噌加上豆腐，甜度較低，很適合搭配豬排。

一般的腰內肉豬排因為脂肪較少，吃起來有時候會感到空虛，但是這間店的腰內肉豬排，肉質緊實有力。除了豬排以外，還有眾多吸引人的料理，冬季時炸牡蠣、奶油烤牡蠣的人氣甚至超越豬排。

＝豬排 SCORE＝

肉	3
油	3
麵衣	3
高麗菜絲	3
醬汁	2
米飯	3
味噌湯	3
淺漬小菜	2
特別附註	無

Total 22 Point

Mackey 牧元

充滿庶民城鎮氣息的豬排店
希望能一直經營下去

年長的老闆一個人守在廚房，用獨特的方法炸豬排、煎漢堡排、製作很受歡迎的炸牡蠣和奶油烤牡蠣。阿姨們的服務態度親切而真誠。陸續造訪的中年客人，有很多是單獨造訪，從他們一坐下就點餐的樣子，可以看出一定是常客。這間豬排店充滿了庶民城鎮的氣息，希望它能一直經營下去。

豬排使用獨特的方式調理，使用茨城的地瓜豬，中溫油炸後，用烤箱烘烤去油。麵衣質地細致，有著豬油的香醇味道，卻不含多餘的油脂，麵衣緊緊貼在肉上，讓豬肉吃起來更有分量感。豬肉去除了豬背脂肪部分，十分多汁，雖然甘甜香味較為不足，但還是充滿了豬排的美味。之前造訪時，吃到最後肉的乾柴讓人有點在意，因此肉的項目我只給了2分，這次造訪沒有這個問題，所以我給出3分。

高麗菜絲細而新鮮，較為柔軟的米飯也很出色，味噌湯是偏甜的白味噌口味，在眾多使用偏鹹的紅味噌湯搭配豬排的店家中，是很獨特的存在，且味噌湯的甜度剛好，吃著吃著會有一種溫暖的感覺。淺漬小菜雖然只有白菜，但是醃漬得恰到好處，能暫時消除豬排的味道，作為讓定食吃起來沒有負擔的角色，是有用而必要的。

＝豬排 SCORE ＝

- 肉……3
- 油……3
- 麵衣……3
- 高麗菜絲……2
- 醬汁……1
- 米飯……2
- 味噌湯……2
- 淺漬小菜……3
- 特別附註
- 腰內肉豬排……1

Total 20 Point

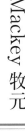

名店的系統圖

因為拜師學藝或是有親戚關係等，很多豬排店都屬於同一個系統。

當然，自立門戶後，店家會各自精進技術，調理出自家的獨特豬排。

即使如此，仍然有不少繼承下來的特質，以下是東京的豬排店名門系統概略。

- 目黒 とんき（目黑 Tonki）
  - 高円寺 とんき（高圓寺 Tonki）
  - 駒込 とんき（駒込 Tonki）
  - 自由が丘 とんき（自由之丘 Tonki）
  - 三軒茶屋 とんき（三軒茶屋 Tonki）
  - 麹町 とんき（麴町 Tonki）
  - 荻窪 たつみ亭（荻窪 Tatsumi亭）
  - 白金 すずき（白金 Suzuki）

- 新橋 燕樂
  - 池上 燕樂
  - 千鳥町 燕樂
  - 高田馬場 成藏

- 水道橋 かつ吉（水道橋 Katsu吉）
  - 水道橋 菩提樹
  - 渋谷 かつ吉（澀谷 Katsu吉）
  - かつ吉新丸ビル店（Katsu吉新丸大樓店）
  - 秋葉原 丸五
  - 浜松町 かつ正（濱松町 Katsu正）
  - 下北沢 かつ良（下北澤 Katsu良）
  - 金町 喝

- 大森 丸一
  - 蒲田丸一
  - 蒲田鈴文

- 湯島 井泉
  - 青山 まい泉（青山 Mai泉）

- 御徒町 ぽん多本家（御徒町 Pon多本家）
  - 代官山 ぽん太（代官山 Pon太）

第3章

豬排今昔物語

在現今這個時代，
豬排已經變成日本人最熟悉的
料理之一了。
了解其名稱的起源、在現代的躍進，
以及多元的變化，
從過去和現在，逼近豬排的本質。

豬排今昔物語 1

豬排經濟學

河田 剛

日本外食市場在二〇一二年以後持續低成長，根據日本食品服務協會（日本フードサービス協会）的外食產業動向調查顯示，外食產業的營業額在二〇一六年比前一年增長了百分之三，但是在二〇一〇年～二〇一五年之間幾乎沒有成長。

日本的經濟雖然從雷曼兄弟破產後的蕭條中漸漸復甦了，但是外食經濟可以說處於成長停滯狀態。

話說回來，現在豬排的市場正持續急速擴大中，市場調查公司富士經濟推算，豬排的市場在二〇一五年比前一年擴大了百分之二十一，二〇一六年則比前一年擴大了百分之十六，此外，富士經濟也預測豬排的市場在二〇一七年會成長約百分之七。

一般來說，在這種歷史發展已經確立的類型中，豬排的動向是前所未有。這樣的景況可以說是豬排經濟復興，而帶來豬排經濟復興的背景到底是什麼呢？

其中一個原因，是豬肉在一般消費者之間變得很受歡迎，從家計調查的變化可以看出，日本國內消費者的飲食習慣已經從食用海鮮轉向食用肉類，不過，牛肉因為價格偏高，所以市場一直沒有成長。

消費者轉而購買豬肉和雞肉，因此豬肉和雞肉的市場持續成長。當然，主要原因不只是價格，也有可能是以品牌豬帶動的肉品品質改善，以及豬肉含有大量維他命B群等的營養價值獲得重視。

豬排在過去曾經是高熱量代表性食物，但是隨著以適量優質豬肉調理而成的豬排店家增加，女性和銀髮族也能接受豬排這種食物了，這也是一個很大的原因。

還有另外一個原因，則是投入豬排市場的企業增加了。

原本豬排店的型態多半為個人經營，因為廚師需要具有判別豬肉品質的知識、確保採購流程順利、學習油炸豬排的技術等等，一般來說，調理豬排的廚師需要較長的時間修習技術，才能出來獨立開店。也因為豬排店的菜單品項不受潮流變化影響，一直以來，多數店家一旦開店，就可以安定的持續營業十年、二十年。

二〇〇〇年時，開設多家分店的企業只有「とんかつ和幸（和幸炸豬排）」、「とんかつ浜勝（濱勝豬排）」、「さぼてん（勝博殿）」，但從二〇〇〇年起，低價豬排店「吉豚屋かつや（吉豚屋Katsuya）」開始急速擴展分店。

而從二〇一五年左右開始，經營牛肉蓋飯店「松屋」的松屋食品集團也加速擴展旗下「松乃家」

豬排經濟學

河田 剛

的店面，加上Skylark集團旗下的「とんから亭（Tonkara亭）」、經營「丸龜製麵」的TORIDOLL集團旗下的「豚屋とん一（豚屋Ton一）」也投入低價豬排店市場，在牛肉蓋飯市場已經呈現飽和狀態之時，豬排可以說是新藍海。

登錄於電話黃頁的豬排店，日本全國共有四千四百二十七間（東京七百零五間），而拉麵店有二萬九千二百八十間（東京三千零七十四間）、牛肉蓋飯店日本全國共有二千零三十九間（東京五百間）。和拉麵店相比，豬排店的數量相當少，就這個角度來看，市場還有擴大的空間。

還有，雖然和牛肉蓋飯店相比，豬排店的數量較多，但是牛肉蓋飯店多半是連鎖店，而豬排的連鎖店較少，從這一點來看，就能理解豬排連鎖店增加的狀況了。進口冷藏豬肉的普及，也有利於經營低價豬排店。雖然可能會陷入過度競爭，但是低價連鎖店的成長，看來還會在市場上持續一段時間。

另一方面，近幾年也有外食企業開設中高價位豬排店的例子，例如際集團開設的「富士㐂」，以及REINS international集團開設的「神樂坂 Sakura」等。REINS international 集團以五年內開設兩百間店為目標。

這些店家使用品牌豬肉，以講究的食材為賣點，也很重視店內的裝潢和待客服務。壽司的市場已經逐漸邁向高級壽司店與低價迴轉壽司的兩極化，城鎮裡的壽司店正在減少中，但是豬排則有市場擴大和二極化現象同時進行的潛力。

餐飲業中，每種營業型態都有激戰區，也就是同類型店家集中的區域，這在拉麵等市場上更顯著。

乍看之下，競爭會很激烈而不利於經營，然而有眾多名店集中的地區能確立地區品牌，也擁有提升整體消費者人次的優點。

豬排店家過去多集中在上野，以「ぽん多本家（Pon 多本家）」、「蓬萊屋」、「雙葉」（已經結束營業）三大名店為首，現在仍有很多豬排店。淺草有「河金」（已經結束營業）、「ゆたか（Yutaka）」等，一直以來也是豬排店很多的地區。

然而，近幾年激戰區增加了，例如蒲田周邊集中了「丸一」、「檍」等主打三分熟的豬排店；高田馬場繼「とん太（Ton 太）」之後，又有「成藏」、「ひなた（Hinata）」開張；濱松町除了有老店「燕樂」之外，還有「むさしや（Musashiya）」、「のもと家（Nomoto 家）、「檍」的分店、「か

つ正（Katsu正）」等，這些地方都正在加速變成激戰區。

此外，淺草最近有新的動向，新開了「とお山（Too山）」、「あき山（Aki山）」等新店，激戰區的擴展，顯示了豬排市場是多麼的活絡。

考慮到今後人口老化消費者會持續減少，一般認為即使豬排業界目前景況良好，中長期發展仍會受到影響。

而其中一個應對策略與拉麵業界近期引人注目的動向相同，就是海外擴展分店。雖有「吉豚屋かつや」等豬排店於海外開設店鋪，但是在國外店鋪中，中高價格豬排店只有寥寥數間。

不過，豬排作為單品料理很能吸引消費者，豬肉、麵包粉等材料也較為容易取得，就算是在國外，也有一決勝負的可能性。或許有一天，在歐美和亞洲的城市看到有名豬排店的分店，也會變成一件理所當然的事。

豬排今昔物語 2

山本益博

豬排之謎

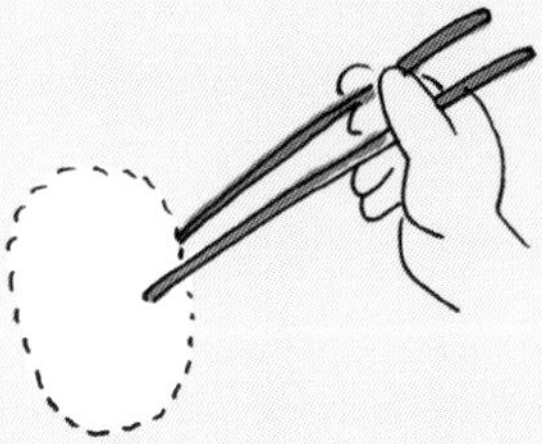

「豬排」是在什麼時候、由什麼人命名的呢？

從結論來說，「豬排」名稱的由來有各種說法，沒有人知道哪一個才是正確的。「豬排」起源自歐洲的料理，也就是西洋料理中的維也納炸肉排、米蘭炸肉排，雖然現在已經沒有人使用這些名稱。至於是先有維也納炸肉排還是先有米蘭炸肉排，這個問題也是兩方爭論不休，一直沒有結果。

炸肉排這個料理，在法國稱為**côtelette**，在英國稱為**cutlet**，「**katsuretsu**（カツレツ）」就是由這些名稱轉變而來的，這現在已經成為定論。

不過，「**katsuretsu**」原本並不是炸豬肉排，也非用**deep-fry**的調理方法，像是炸天婦羅一樣，用大量的油油炸；而是將幼牛肉裹上細顆粒粉，用少量的油半煎半炸而成的料理。但因為炸豬肉排不使用幼牛肉，而是使用豬肉，因此稱為「**pork katsuretsu**」，然後名稱縮短為「**pork katsu**」，這也是不難想像的變化。

「**pork**」指的是「豬肉」，因此稱為「**tonkatsu**（とんかつ）」，不得不說將這個名稱用平假名書寫的發想真是絕妙，這四個平假名文字，毫無疑問顯示了炸豬肉排已經從西洋料理獨立成為日本的大眾料理。

山本嘉次郎既是電影導演，同時也是當代少有的美食家，他的著作《日本三大洋食考》（一九七三年昭文社出版）以可樂餅、豬排、咖哩飯為主題。父親為演藝評論家小菅

山本益博

豬排之謎

一夫、自身為飲食文化史研究家小菅桂子的著作《日本洋食物語（にっぽん洋食物語）》（一九八三年新潮社出版），還有岡田哲的著作《豬排的誕生（とんかつの誕生）》（二〇〇〇年講談社出版）也都有提到豬排，然而這些書中，「豬排」的命名者皆為不明。

明治三十八年創業的「Pon多本家」被稱為是「豬排」這個名稱的創造者，但是我在一九七〇年代第一次造訪時，細長木板用毛筆寫上品名的傳統菜單上，寫的是「katsuretsu」，我還清楚記得上面沒有標上價錢。銀座的「煉瓦亭」也在同時期創業，據我所知，菜單上寫的是「pork katsuretsu」。

將西洋料理「katsuretsu（カツレツ）」命名為「tonkatsu（とんかつ）」，改造成適合搭配米飯的主菜，而變得廣受歡迎的過程，這個料理也從「西式料理」轉變成為「日本料理」了吧？

配菜也不使用奶油煮紅蘿蔔，而是附上切成細絲的生高麗菜，不淋上多密格拉斯醬汁，而是淋上伍斯特醬、豬排醬汁，豬排淋上這些醬汁，就成為了適合搭配米飯的主菜。還有，「tonkatsu」也不使用叉子，而是以筷子食用。

在此多提一件事，落語家初代柳家權太樓以荒誕落語名作「貓與金魚」而廣為人知，他也寫了稱為「katsuretsu」的新作落語，裡面精通豬排相關知識的角色有一句台詞是：「你們沒吃過牛的豬排吧？」這是能理解這種笑話的時代獨有的荒誕台詞，我很喜歡。

特別企畫

各種類別的「我的最愛」

豬排蓋飯

13

《銀座》

「あけぼの」（Akebono）的豬排蓋飯

980日圓

——河田 剛

「あけぼの」是位於有樂町交通會館地下室的人氣店家。交通會館雖然位於車站正前方的菁華地段上，但是保留著一種難以形容的昭和氛圍。交通便利、價格便宜、味道也美味，因此中午用餐時間經常有上班族排隊。排隊時就會有店員先來幫忙點餐了，因此等待時間比想像得短，這服務也很棒。

店內只有吧檯座位，廚房的工作人員手腳俐落的製作料理，這是長年累月形成的作業流程吧？雖然店裡也有供應炸絞肉排和炸竹筴魚等料理，但是點豬排定食和豬排蓋飯的客人較多。

豬排蓋飯不用多說，上面打了蛋，但是麵衣仍保留著酥脆口感，散發著豬油的芳香，讓人不禁想大口吃下。醬汁的量恰到好處，可以享受到用羽釜煮出的米飯美味。蓋飯類料理是否美味，關鍵就在於米飯，而這間店的豬排蓋飯充分滿足了這個條件。蓋飯最上方放了少許豌豆莢，帶來良好的味道變化。我希望這間店能一直營業下去。

Shop Data

東京都千代田區有樂町 2-10-1 東京交通會館 B1F
03-3211-3934
平日除周三外 11:00～15:00／17:00～20:00；周三、周六、假日 11:00～16:00
周日、每月第二個周六
10 個　不可

14

《早稻田》

「奏す庵」（奏庵）的早稻豬排蓋飯

980日圓

——Mackey牧元

對我來說，「豬排蓋飯」理所當然是「上面打了蛋的豬排蓋飯」。曾經在德國修習廚藝的高畠增太郎，在大正二年發表的醬汁豬排蓋飯，可說是豬排蓋飯的始祖。

睽違約一百年後，豬排蓋飯的始祖回到了誕生地東京早稻田鶴卷町，這種豬排蓋飯的優點在於飯碗蓋了蓋子，讓人產生期待。一打開蓋子，沾滿醬汁的薄豬排就現身了，醬汁的香味刺激嗅覺，讓人忍不住猛吞口水。

豬排在點餐後現炸，薄豬排三片加上厚豬排二片，這個組合非常完美。薄豬排會吸收醬汁的美味，和米飯融為一體；厚豬排則能大口咬下，品嘗肉的甘甜，這組合讓人筷子停不下來。

還有，醬汁很棒，醬汁由「旬香亭」的古賀主廚製作，口味偏甜、味道溫和高雅，也有足夠的鹹味，讓人想大口扒飯。最重要的是米飯非常棒。發源地福井縣引以為豪的越光米，在豬排之下泛著光澤，散發甘甜香味，和豬肉、醬汁的鮮甜味道相互結合。

味噌湯使用供奉給永平寺的「米五味噌」，去油解膩的小菜也非常好。在滑蛋豬排蓋飯已經深入東京每個角落的現在，這碗豬排蓋飯充滿了店主想傳達的美好。讓我困擾的是，這樣寫著寫著，又忍不住很想吃了。

Shop Data

東京都新宿區早稻田鶴巻町 555-19 鶴屋大樓 1 樓
03-6302-1648
11:00～15:00／17:00～21:00
休 周二、周三，新年假期
13 個　可

15

《西荻窪》

「坂本屋」的豬排蓋飯

800日圓

——山本益博

不怕大家誤解，我先說結論：不只是豬排蓋飯，所有蓋飯料理最重要的都是米飯。或許有人認為豬排蓋飯裡豬排才是主角，但是不管怎麼說，蓋飯料理都是享用米飯美味的料理，而確實理解的廚師、蓋飯愛好者卻不多。

證據就是，廚師大多在豬排上費盡心思，但是很少對米飯懷有最高敬意；即使身為蓋飯愛好者，還是會說「請給我多一點醬汁」，大口吃著沾滿醬汁的米飯。

豬排蓋飯的美味條件如下：豬排要現炸、不是奢侈的厚片豬排、蓋飯醬汁不過多、蛋的熟度不過熟。最重要的是米的品質要好，米飯要接近剛煮好的狀態。

完全滿足這些條件的最佳豬排蓋飯，就是西荻窪「坂本屋」的豬排蓋飯了。

考慮到「坂本屋」豬排蓋飯的價格，可以忽視味噌湯和淺漬小菜製作得較為隨便。不過，無論點豬排蓋飯的人再多，蓋飯本身的製作絕對不隨便。現在甚至可以說「坂本屋」是豬排蓋飯專賣店了，很多粉絲即使多花電車錢也想來吃這個豬排蓋飯，而我每次吃，都深深感受到住在西荻窪的幸福。

「如果東京名產是豬排，西荻窪名產就是坂本屋的豬排蓋飯」。為了表示我的敬意，在此獻上這句話。

Shop Data

東京都杉並區西荻北 3-31-16
03-3399-4207
11:30～15:00
休 周日、周一、周三、周五
13 個　不可

豬排今昔物語 3

我想成為適合吃豬排蓋飯的男人

Mackey 牧元

豬排蓋飯如今已不被重視，因為豬排蓋飯過去備受讚賞的豐厚分量感，違反了現今追求清爽和健康的時代潮流。

不過，豬排蓋飯是蓋飯界的橫綱相撲選手，吃豬排蓋飯時，不會有「來吃個豬排蓋飯之類的吧？」這種「來吃一下的念頭」，而是「好！今天要吃豬排蓋飯」，伴隨著「好！要吃了的決心」。這就是豬排蓋飯的強項，沒有一種蓋飯有這種力量，換句話說，豬排蓋飯這種蓋飯能讓吃的人發奮振作，同時也考驗吃的人的肚量（食欲）。

豬排蓋飯的理想型態有幾個不可或缺的要素：第一是「豬排現炸」，現炸豬排的油香味會刺激胃口，而只要吃沒有打上蛋的部分，仍然酥脆的麵衣會發出聲音，牙齒陷進多汁的豬肉中，這時只要馬上將米飯扒進口中，身體就會感受到「是豬排蓋飯！是豬排蓋飯！」而分泌讓人興奮的多巴胺，這就是吃現炸豬排才會有的快感。

第二是「薄」的豬排為佳，厚豬排不方便食用，而且薄豬排才能和米飯、蛋融為一體，讓人一氣呵成的享受蓋飯的美味。可以的話，豬排的厚度在四公分以下較為理想。

第三是飯碗要「蓋上蓋子」，悶一下子能讓味道更融合，還有，打開蓋子這個動作也能提高奮發度。

「薄豬排、現炸豬排、蓋上蓋子」這三大主義，是我的豬排蓋飯理想型態，然而，最近蓋了蓋子的豬排蓋飯有減少的傾向，因此我換成「蛋白要輕柔覆蓋在豬排上」，最接近我的理想的是銀座的「とん㐂（Tonki）」、西荻窪的「坂本屋」、銀座的「梅林」。

好了，豬排蓋飯端上來了，事不宜遲，立刻單手拿起碗，最初的三口要專心大口吃，然後休息一下，再將精神集中在碗底，一口氣吃到最後。在這期間，要修補剝落的麵衣，搭配麵衣碎片和洋蔥享受米飯的美味，也不可以忘記要從挖掘的米飯，確認醬汁的滲透程度。

良好的享用姿勢是挺直腰桿，在不造成旁邊客人的困擾下張開手肘。當然，自始至終都要保持沉默享用。

我的目標是變得和電影《幸福的黃手帕（幸福の黄色いハンカチ）》中的高倉健一樣，電影裡他從監獄出來後，在最初踏入的食堂裡，點了啤酒和豬排蓋飯。雖然電影沒實際拍出吃的畫面，但是我一邊想像，一邊在鏡子前練習吃了無數次。

適合吃豬排蓋飯的男人很帥氣，為了成為那樣的男人，我日日吃著豬排蓋飯，提升自己的男人味。

特別企畫

各種類別的「我的最愛」

豬排咖哩飯

16

《淺草》

「河金千束店」的河金蓋飯

800日圓

——河田 剛

雖然位於淺草國際通附近的「河金」已經結束營業很久了，但是入谷和千束仍有「河金」的分店。

我去了千束的「河金」，店家位於裏淺草很偏北處，掌廚的是「河金」創業者的曾孫，店內擺著寫著「河金」的大塊招牌。我去的時候剛過新年，因此里脊肉豬排和腰內肉豬排都賣完了（稱為「百刄」的大分量豬排，是「河金」很受歡迎的料理之一）。

即使是這樣，店裡仍有供應招牌「河金蓋飯」，據說「河金蓋飯」是豬排咖哩飯的始祖，內容為米飯上鋪上高麗菜絲，上面放上豬排，最後再淋上咖哩醬汁。

豬排雖然不厚，但是搭配傳統的濃稠咖哩醬汁一起吃剛剛好，豬排也沒有老店常有的麵衣過硬問題，這個味道讓人吃著吃著，三十年前的記憶都回來了。

Shop Data

東京都台東區淺草 5-16-11
03-3872-0794
11:00～20:00
休 周六
15 個　不可

17

《淺草》

「とお山」（Too 山）的腰內肉豬排咖哩飯

1150 日圓（午餐 980 日圓）

——山本益博

淺草是豬排店的激戰區，「とお山」是這幾年新開張的其中一間。店主的親戚在六本木和銀座開設了「イマカツ（Imakatsu）」，而「とお山」是從那邊獨立出來的。「イマカツ」的腰內肉豬排美味超群，而「とお山」的豬排咖哩飯也發揮了這個實力。

小塊的腰內肉豬排有二片，豬排和咖哩醬的比例非常良好。豬排咖哩飯是咖哩醬汁比較重要的料理，不適合使用很厚的里脊肉豬排，因為脂肪有時會和咖哩醬汁互斥，而只有瘦肉的腰內肉豬排，非常適合搭配咖哩。

米飯也很美味。只要米飯美味，豬排和咖哩就會愈吃愈順口。豬排醬汁、醬油、鹽等調味料很齊全，高麗菜絲盛裝在豬排咖哩飯盤中，但我只淋上醬油，代替蕗蕎和福神漬，在吃豬排咖哩飯時穿插一起吃。提振胃口的效果非常好，不論是豬排還是咖哩醬汁，都可以再好好品嘗。

這間店的豬排咖哩飯還附有豬肉味噌湯，然而，那一盤豬排咖哩飯就已經是完整的料理，因此我總覺得不需要附上湯。如果要附湯，味道清淡的湯也比較適合。

店家全年無休，從早上十一點營業到晚上九點三十分都沒有休息，以過去的淺草為首，庶民城鎮的餐飲店都是這樣。

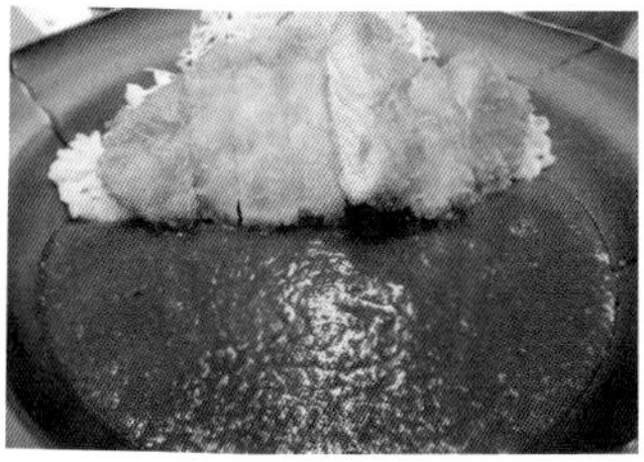

Shop Data

東京都台東區花川戶 1-6-8 廣野大樓 1F
03-5806-2929
11:00～21:30
全年無休
17 個　不可

18

《濱松町》

「のもと家」（Nomoto 家）的豬排咖哩飯

1200日圓（晚餐1800日圓）

—— Mackey 牧元

這次要選擇豬排咖哩的店家讓我非常煩惱，豬排咖哩的變化很多，雖然比起豬排定食，豬排咖哩感覺比較草根文化，但是它仍在豬排店、洋食餐廳、咖哩店等各式各樣的店裡努力生存。

豬排咖哩的變化很多，因此每個人的喜好也不太一樣，但有一件事不能妥協，那就是豬排要現炸。雖然也希望咖哩和豬排的品質都很好，但是豬排或咖哩其中一種味道太強烈，就會無法彼此融合。

就這點來說，「のもと家」的豬排咖哩就做得很好，不管怎麼說都是殿堂級的優秀豬排店。豬排厚度剛好，就算是沾滿了咖哩，只要咬下去，肉汁就會滿溢而出，散發出油脂的甘甜香氣，給人咀嚼的快樂。

咖哩是老闆將附近蕎麥麵店自己所喜歡的咖哩，加以變化而成。

咖哩加了大量的洋蔥，溫和的甜味和豬排真的很搭配，白飯的品質也很好，還附有上好的豬肉味噌湯。提振胃口用的高麗菜絲和柚子風味的醃漬白蘿蔔也非常完美。還有，將特製的豬排醬汁淋一點點在咖哩上，華麗的香味會和咖哩的香味結合，這也很吸引人，之後只要一鼓作氣專心享用即可。

Shop Data

東京都港區芝公園 2-3-7 玉川大樓 2F
03-6809-1529
11：30～14：00／17：00～20：00；周六 11：30～14：00（售完即打烊）
休 周日、國定假日
21 個　不可

Mackey 牧元

豬排咖哩的享用方法

有時面對著豬排咖哩，我會不知如何是好。

那就是端出來的豬排全部都淋上了咖哩的時候，這樣的豬排咖哩，沒有讓人用自己的方法吃的餘地，豬排的麵衣被咖哩泡爛，失去了爽脆的特色。

雖然有人說：「因為是豬排咖哩，所以這也是沒辦法的事吧？」但是我還是希望豬排和咖哩可以分開，因此，在第一次造訪的店點豬排咖哩時，我會問：「你們的豬排會淋上咖哩嗎？」如果會淋上咖哩，我會拜託店家：「請不要把咖哩淋在豬排上。」

我的理想豬排咖哩擺盤方式為：面前這一側是咖哩之海，另一側則是白飯，上面放著豬排。首先，一起吃咖哩和白飯。啊！在這之前，除了湯匙以外，也要向店家索取叉子，因為用叉子吃，舌頭會碰觸到的金屬部分較少，咖哩能滑順的流向舌頭。

吃了咖哩和白飯後，就輪到豬排了，咬下豬排，將白飯扒進口中，接著將豬排當成咖哩中的配料，將豬排均勻沾上咖哩，再和白飯一起吃。

前面所說的享用方法可能還算普通，但接下來還有更愉快享用豬排咖哩的方法。首先將一塊豬排埋藏在咖哩中，然後暫時忘記它的存在。「但這麼一來麵衣會和肉分離，不就失去將豬排放在

Mackey 牧元

豬排咖哩的享用方法

一 先吃一口咖哩和白飯

二 將少許咖哩淋在豬排上，吃下一口，立刻配上白飯

三 豬排淋上豬排醬汁，和淋上咖哩的白飯一起吃

四 豬排淋上咖哩和豬排醬汁

五 加了豬排醬汁的咖哩和白飯混合均勻，加上豬排一起吃

白飯上的意義了嗎？」這意見非常有理，但是這裡先不透露我這麼做的用意。

之後就是豬排、咖哩和白飯三種食材要怎麼享受的問題了。

首先，為了取得平衡，使用湯匙和叉子（這也是叉子大顯身手的時刻），將豬排全部切成兩半，因為要將豬排放在叉子或湯匙上，再加上白飯和咖哩，整塊的豬排會顯得太大。

這麼一來，中段的準備就完成了，以下示範享用方法，叉子上依序重疊放上白飯、咖哩、豬排一起吃，以這個為基準，有白飯、豬排、咖哩；豬排、咖哩、白飯；豬排、白飯、咖哩；咖哩、豬排、白飯；咖哩、白飯、豬排等六種重疊方法，每種吃起來味道都不同。

此外，豬排淋上豬排醬汁後再重疊放上，或是咖哩加上豬排醬汁混合後再重疊放上，加上這些變化，其實共有十八種享用方式。

或許有人會覺得一一將食物放到叉子上很麻煩，那麼針對想要快速吃豬排咖哩的人，我推薦這樣的順序享用。（參照上方內容）

這樣的享用方法如何呢？

啊！不可忘記埋藏在咖哩中的豬排，它就是「咖哩漬豬排」，具有豬排和咖哩融為一體，渾然天成的完美味道，豬排咖哩草根的品格就在這裡達到巔峰。

特別企畫

各種類別的「我的最愛」

豬排三明治

19

《東銀座》「チョウシ屋」（Choushi 屋）的豬排三明治

420日圓

——河田 剛

東銀座歌舞伎的後方，有間販賣油炸食物的店家，創立於昭和二年（一九二七年），它還保留著往昔風情，東銀座只有這個角落讓人有種時間靜止一般的錯覺。

商品是夾了可樂餅或豬排的三明治，營業時間是周二到周五的十一時到十四時、十六時到十八時（傍晚常提早賣完），很難吃到。

我點了豬排和火腿排三明治，選擇用吐司夾（也可以選擇用熱狗堡麵包夾），上了年紀的女性店員接到點餐後，慢條斯理的切了吐司，當場製作三明治，那乾淨俐落的動作令人不禁看得出神。

三明治乍看沒有什麼特別之處，但是豬排、芥末醬、豬排醬、吐司的味道完美平衡，三明治的厚度也設計成剛好可以用手握住。店家還有賣絞肉肉排三明治，但是這個就很好吃，我有時會突然想起、突然想吃。

Shop Data

東京都中央區銀座 3-11-6
03-3541-2982
11：00～14：00／16：00～18：00（售完即打烊）
休 周一、周六、周日、國定假日
無　不可

20

《淺草》

「ヨシカミ」(Yoshikami)的豬排三明治

1100日圓

——山本益博

約六十年前，我還是小學生時，每個周日傍晚都會和家人一起出門去淺草吃晚餐。如果要吃豬排，就會去國際劇場旁的「河金」，要吃西式料理，就會去六區的「ヨシカミ」。

有時一起出門吃飯的人數較少，就能坐在吧檯座位，一邊看著廚師工作的模樣一邊等待料理上桌。說到從吧檯座位看出去的景象中，最令人愉快的是什麼？就是製作外帶豬排三明治。

從烤麵包機拿出烤好的吐司，抹上奶油、抹上芥末、鋪上高麗菜絲，現炸的豬排沾上醬汁，再放到高麗菜絲上，然後蓋上另一片吐司，最後用菜刀切掉吐司邊，這一連串的動作行雲流水。但是最精彩的還在後面，切成寬長條狀的豬排三明治，一裝進外帶的紙盒，廚師就會以迅雷不及掩耳的速度封起紙盒，然後幾乎是一眨眼就綁好繩結。

據說廚師要輪流擔任製作沙拉、油炸食物等各種職位後，最後才能擔任製作牛排和三明治。

三明治的吐司烤得芳香，吐司和豬排的比例很平衡，芥末、醬汁、豬排融合的程度絕妙。雖然外帶回家的冷豬排三明治也別有風味，但是現做的豬排三明治特別美味。

Shop Data

東京都台東區淺草 1-41-4
03-3841-1802
11:45～22:00
休 周四（遇國定假日營業）
60 個　可

21

《銀座》

「GINZA1954」的豬排三明治

2376日圓

——Mackey牧元

有種豬排三明治在端上來的瞬間，會讓人忍不住驚訝屏息。切面是整片的粉紅色，有肉汁滲出而顯得濕潤，這美麗的模樣，讓人猶豫該不該拿起來吃。

酒吧「GINZA1954」使用宮城縣契約農家的豬肉，而且只使用三元麻糬豬的里脊肉中心部分。豬肉去除肥肉、裹上麵衣、稍微油炸後，殘留的熱氣會繼續加熱豬肉，估算好適當的時機，將豬排夾入吐司中，切塊。

我忍不住抓起三明治大口咬下，酥脆芳香的吐司裂開、牙齒會陷入肉裡。豬肉的香味充滿整個鼻腔、肉汁擴散至口中。雖然厚度很厚，但吃起來卻很滑順，簡直像是滑落進喉嚨裡一樣，是氣質高雅的豬排三明治。

一般豬排三明治可以搭配啤酒一起吃，但是我建議務必搭配High Ball雞尾酒一起享用。或者是白酒、味道清爽的雞尾酒，例如琴瑞奇雞尾酒、古巴太陽雞尾酒等等。

這是「豬排現炸、吐司現烤」的現做豬排三明治，現吃當然是最好的。但是，外帶回家放一個晚上，讓吐司和豬排味道更加融合，會產生另外一種美味。晚上在酒吧裡享用後，也外帶一分回家。

回家路上，腦海中浮現家人看到豬排三明治時開心的臉，也能減低一個人去吃了好吃東西的罪惡感。

Shop Data

東京都中央區銀座 8-5-15 SVAX 銀座大樓 B1F
03-3571-2008
18:00～凌晨 3:00；周六 18:00～凌晨 0:00
周日
25 個　可

豬排三明治的雙重美味

Mackey 牧元

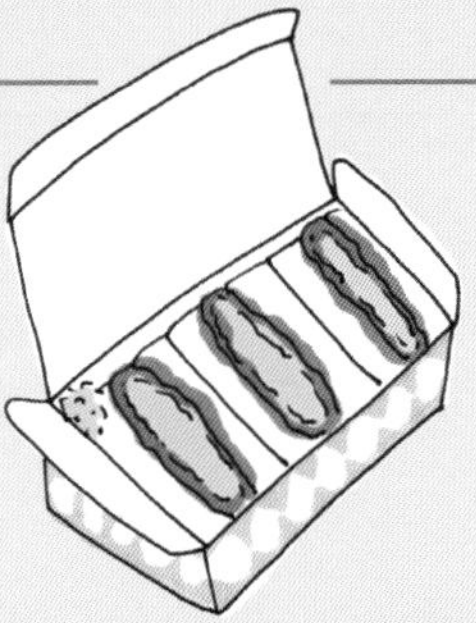

點豬排三明治很需要勇氣。因為在里脊肉豬排定食、腰內肉豬排定食、豬排蓋飯、炸肉串……這成隊的明星陣容前，必須要將它們的誘惑全部拋在腦後。

努力下定決心點了之後，我還是會想：「還是應該點里脊肉豬排比較好」。一直掛念著。

然而，豬排三明治一登場，情況就完全改變了。

豬排三明治的切面滲出充滿光澤的肉汁，我忍不住抓起大口咬下，一咬下酥脆的吐司就會裂開、高麗菜絲發出爽脆聲響、牙齒陷進柔軟的肉中，接著，肉汁的甘甜和豬排醬汁的辣味融合為一體，讓人禁不住綻放出滿足的微笑。

只要輕輕說出「好吃」，旁邊的客人也會投來「看起來好好吃」的羨慕目光。

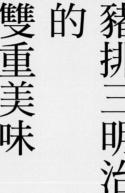

我一邊感謝剛才的英明果斷所獲得的豐富美味，一邊在心中堅決發誓，豬排三明治一定要，現做現吃。

關於現做的豬排三明治，我絕對是「吐司要烤」那一派，豬排三明治的吐司是豬排的第二層麵衣，溫熱、芳香、口感輕盈的吐司才能襯托出豬排的美味。因此，在店裡吃豬排三明治時，我堅持豬排三明治必須遵守「豬排現炸、吐司現烤、三明治現做」三大原則。

另一方面，放了一段時間後、冷掉的豬排三明治則有另外一種樂趣。外帶豬排三明治回家，隔天早上吃時，吐司、豬排、高麗菜的味道會融合為一體，有種渾然天成的魅力。

醬汁滲透入吐司後，強烈而突出的感覺會消失，與現做的豐富飽滿感覺不同，這樣的豬排三明治有種高雅的美味，高雅到可以當成點心，搭配冷酒也很適合，功能萬用。

看到豬排三明治這麼努力變得美味的樣子，我在心中發誓，即使冷掉了，我也會愛著它。

人們好像總是任由這兩種「美味」擺布，在豬排三明治的深奧世界中愈陷愈深。

column

電影中的豬排

河田剛

豬排深深滲透入昭和年代的飲食文化中，也是因為這樣，豬排深受電影人喜愛，也在電影中多次登場。

黑澤明的導師山本嘉次郎導演，就是喜愛豬排的代表人物。山本導演是有名的美食家，著有《東京横濱三百日圓美味店家（東京横浜300円味の店）》（一九六五年出版）、《東京横濱鎌倉美食散步地圖（東京横浜鎌倉たべあるき地図）》（一九七二年出版）等等，是撰寫餐飲店指南書的先驅，他也考察咖哩飯、可樂餅、豬排，並撰寫成《日本三大洋食考》。在B級美食這個詞語尚未出現的那個時代，做出了很大的貢獻。

位於成城的豬排店「椿」是攝影師渡邊孝所開的店，由於「椿」離電影公司東寶的砧攝影棚很近，因此山本導演和圓谷英二導演都是常客。

電影作品中多次有豬排入鏡的導演則是小津安二郎，小津導演是上野豬排店「蓬萊屋」的常客，他在戰前拍攝的作品《獨生子（一人息子）》（一九三六年上映）就有豬排出現。主人公在鄉下的恩師來到東京後變成窮酸豬排店老闆，由這個情節可看出，豬排已經是深入大眾

生活的料理。

《茶泡飯之味（お茶漬けの味）》（一九五二年上映）中，出現了鶴田浩二常去的豬排店「卡路里軒」招牌。小津的作品中，笠智眾、佐分利信、中村伸郎這些中年的紳士，在小餐館說著要快點把女兒嫁出去之類，是固定會出現的場景。

在《秋日和》（一九六〇年上映）中，對話中提到了上野的美味豬排店（應該是「蓬萊屋」）。電影中段也有遺孀和女兒一起前往銀座豬排店的畫面。

遺作《秋刀魚之味（秋刀魚の味）》（一九六二年上映）中，則有佐田啟二邀同事吉田輝雄一起去豬排店的畫面。小津安二郎導演多次拍攝豬排店的場景，大概是因為豬排店很適合低角度的攝影，除此之外，也因為他認為豬排是象徵市井小民生活的食物吧？

不知道川島雄三導演是不是非常喜歡豬排？他拍了兩部名稱有豬排的電影，分別是《豬排大王（とんかつ大将）》（一九五二年上映）和《豬排一代（とんかつ一代）》

column

電影中的豬排

河田 剛

（一九六三年上映）。《豬排大王》是喜歡豬排的青年醫師大展身手的故事；《豬排一代》則以上野的豬排店老闆（森繁久彌飾演）為主角，是貨真價實的豬排電影。這部作品中，森繁說出了有深厚知識的台詞：「厚豬排的始祖店是ポンチ軒（Ponchi軒）、腰內肉豬排的始祖店是蓬萊屋、創造豬排醬汁的始祖店是井泉，樂天的招牌是像用鈍刀切過的豬排。」在山本導演的著作都尚未出版的時期，到底是怎麼獲得這些資訊的呢？讓人覺得很不可思議。

森繁所唱的主題曲《豬排之歌》（とんかつの唄）中，有「像豬排的油脂滲出那樣接吻吧」、「如果不能再吃豬排了，那我不如死去」等獨特的歌詞，讓人有種必須去吃豬排的心情。

話說回來，我看過相當多的日本電影，但是卻想不起來在一九七〇年代以後，日本電影中有什麼令人印象深刻的豬排場景，有沒有人能來製作一部新時代的豬排電影啊？

第4章

還有更多
美味的豬排店

約五年半的時間之中，
「東京豬排會議」
造訪過的店家超過一百二十間。
每間店都有獨到的技術、獨特的個性，
味道都令人印象深刻。
在此以摘要介紹特別難忘的店家。

22 〘六本木〙

六本木イマカツ

六本木 Imakatsu

帶來新的喜悅
平成時代的「豬排」代表

如果上野「ぽん多本家（Pon多本家）」的豬排是昭和時代豬排的象徵，那麼我想將六本木「イマカツ」的里脊肉豬排，稱為平成時代豬排的代表。

「イマカツ」使用品牌豬里脊肉，麵衣使用質地細致的麵包粉，將肉確實包裹起來，避免肉的鮮甜味道在油炸時，不，更精確的說，是「蒸」炸時，散失在炸油內。對已經吃遍昭和豬排的我們來說，這豬排帶來了新的喜悅。

其實，我就是在大口吃著「イマカツ」的里脊肉豬排時，想到「第二期豬排黃金時代來臨！」這個標語的。如果將昭和三〇年代到五〇年代稱作第一期，那麼現在可以說是第二期豬排黃金時代盛世，對我這種昭和出生的豬排愛好者來說，沒有什麼事情比這更開心了。

豬排以外，不論是高麗菜絲還是豬排醬汁都很美味，米飯也很用心炊煮，令人無可挑剔。但豬排定食是日本式的豪華料理，希望店家對味噌湯和淺漬小菜也投注同樣多的熱情。

這間店的炸雞胸肉排很有名，不過炸半熟蛋絞肉排更佳，中心的半熟蛋蛋黃還會流出來。此外，腰內肉豬排包含其油炸方式，都是顛覆常識的傑作。（山本）

2012年7月造訪

推薦	大蒜里脊肉豬排膳……1,650日圓（120g）

【豬肉種類】大和豬、柚子豬
【油炸用油】豬油混牛油
【定食】
〔米〕國產越光米（枥木縣產）
〔味噌湯配料〕蔥、豆腐、海帶芽
〔味噌〕京都石野味噌、混合味噌
〔淺漬小菜〕芝麻雪白體菜
〔白飯吃到飽〕有 〔高麗菜絲吃到飽〕有

Shop Data

東京都港區六本木4丁目12番5號
フェニキアルクソス大樓1樓
☎ 03-3408-1029
11:30～16:00／18:00～22:30；
國定假日 11:30～16:00／18:00～21:30
㊡ 周日
25個 可

23 《神樂坂》

あげづき

Agezuki

可能是南之島豬的特色
沒有腥味，肥肉也很輕盈

它是神樂坂的店家中，比較近期開業的店。走下階梯發現店內意外寬闊，供應多種下酒的料理，日本酒的品項很豐富，適合搭配餐點的純米酒種類也很多，看到這麼多品項時，我就預測到這間店會提供一定水準以上的料理。

我點了里脊肉豬排附米飯、味噌湯、淺漬小菜的定食，這間店的豬排使用宮崎縣的南之島豬，是由阿古豬和黑豬等混種交配的品種，其他地方很少使用。

廚師使用溫度不同的兩個鍋子，從低溫開始慢慢油炸，這個方式和藏前的「すぎ田（Sugi田）」相同。

或許是南之島豬的特色？豬排吃起來不太有腥味，肥肉很輕盈，後味也很清爽，但是或許也會有人覺得味道不夠。麵衣濕潤但不黏膩，當天有部分麵衣很容易剝落。

豬排醬汁、高麗菜絲的沙拉醬都是店家自製，品質很好，店家還提供了岩鹽搭配豬排也很對味。米飯使用精心挑選的米，也很美味。店家一開始就送上馬鈴薯沙拉、淺漬小菜、煙燻米糠漬蘿蔔乾，而蘿蔔乾比較適合下酒。另外，味噌湯是蛤蜊口味，這對喝酒的人來說是令人開心的搭配。（河田）

2012年11月造訪

推薦	特里脊肉豬排定食……2,510日圓（未稅，220g）

【豬肉種類】南之島豬、阿古豬與杜洛克豬的混種
【油炸用油】Camelia 豬油、橄欖油、菜籽油混合
（炸蝦則用不同的油）

【定食】
〔米〕山形一見鍾情米 〔味噌湯配料〕青森十三湖產蛤蜊
〔味噌〕熟成八丁和紅味噌
〔淺漬小菜〕麥味噌醃漬蘿蔔乾
〔白飯吃到飽〕有 〔高麗菜絲吃到飽〕有

Shop Data

東京都新宿區神樂坂3-2 山之內大樓B1F
☎ 050-5869-3916
11:30～14:30／18:00～22:00；
周六 11:30～14:30／17:30～22:00；
周日、國定假日 11:30～14:30／17:30～20:30
㊡ 周二、每月第三個周三
35個 可

24 《湯島》

井泉 本店

即使沒有脂肪仍帶有些微甜味
連邊緣也充滿肉的口感

昭和五年（一九三〇年）創業，作為電影《豬排一代》的舞台而廣為人知。木造民宅的入口有盆栽和手水缽圍繞，充滿庶民城鎮老豬排店的風情。

店家的特色是客人點餐後，廚師會慢慢油炸豬排，炸好後放在長度剛好和豬排差不多的小木板上，切好再盛盤端出。里脊肉豬排去除了周圍的脂肪，是讓人享用瘦肉的豬排，這是舊式的作法吧？

這里脊肉豬排即使沒有脂肪，仍然帶有些微的甜味，邊緣也充滿肉的口感。店家標榜它是「能用筷子切開的豬排」，肉質柔軟而美味。只是在同樣的價格區間中，感覺味道稍嫌不足。可能因為高溫油炸，豬排的濕潤感略有不足，麵衣也有些剝落。另方面，中等偏粗的麵衣炸得酥脆，不含多餘的油脂。醬汁不像常見的豬排醬汁那麼甜，而像是伍斯特醬一樣酸辣清爽，和這道豬排很搭配，讓人想大口配飯。

店裡的每個細節都充滿傳統食堂溫暖、認真的心意，像是茶水整壺端上、老闆娘待客溫柔、服務流暢、店內整潔。外國客人造訪時，服務人員仔細的說明吃法，還拿來小碗倒入醬汁，解釋豬排要沾著吃，這些都讓人覺得心情愉快。（牧元）

2012 年 12 月造訪

推薦	特里脊肉豬排……1,700 日圓（140g）

【豬肉種類】 普通肉舖所販售的豬肉
【油炸用油】 豬油二種＋食物油
【定食】
〔米〕新潟越光米
〔味噌湯配料〕牛蒡、青蔥、紅蘿蔔、豬肉
〔味噌〕—
〔淺漬小菜〕紅蘿蔔、小黃瓜、高麗菜、紅紫蘇葉醃漬小菜等
〔白飯吃到飽〕有 〔高麗菜絲吃到飽〕有

Shop Data

東京都文京區湯島 3-40-3
03-3834-2901
11:30～20:40；
周日、國定假日 11:30～20:20
休 周三（遇國定假日營業）
50 個 　不可

25 《小川町》

T.dining

濃縮的鮮甜味道和清爽的肥肉
在這個價格區間是最高等級

一次採購整頭豬的豬肉料理店，豬肉來自於老闆的老家三重縣小林牧場，不只供應豬排，還有涮涮鍋、燉豬肉等，料理選擇很豐富。

午間「上里脊肉豬排定食」所使用的肉，在這個價格區間可以說是最高等級，瘦肉鮮甜味道的濃縮程度、肥肉的清爽感等等，品質之高值得特別一提。

豬肉本身的調味已經很足夠，直接吃也很美味，但是如果能提供適合這個肉質的鹽會更好。

麵衣使用較粗顆粒的麵包粉，炸得酥脆，不含任何多餘的油脂，只是用筷子夾住豬排時，很容易剝落。

豬排醬汁的口味不甜，但是搭配著肉吃起來感覺甜味很明顯。

高麗菜仔細切成同樣寬度的細絲。米飯、味噌湯雖然沒有特別突出之處，但也是中規中矩。淺漬小菜的量相當少，不過考慮到價格，這也是沒辦法的吧？

雖然豬排本身分量也較少，但是只要單點晚間供應的極上里脊肉豬排，再加上米飯套餐，就能滿足分量和肥肉品質的需求。

除此之外，涮涮鍋等晚間供應的料理也非常值得一試。（河田）

2013年6月造訪

推薦	特上里脊肉豬排……1,480日圓（150g）

【豬肉種類】三重縣產豬肉
【油炸用油】棉籽油
【定食】
〔米〕越光米、牛奶皇后
〔味噌湯配料〕豆腐、海帶芽、蔥
〔味噌〕混合味噌　〔淺漬小菜〕白菜
〔白飯吃到飽〕有（僅限午間）
〔高麗菜絲吃到飽〕無

Shop Data

東京都千代田區神田小川町1-6-7
☎ 03-5577-5529
11:30～14:30／18:00～21:00
㊡ 周六、周日、國定假日、周三晚間
24個　可

26 《神田須田町》

名代 とんかつ勝漫

豬排勝漫

愈咀嚼會有愈多的
甘甜肉汁滲出

從「勝漫」獨立出去的廚師，在附近開了新店「やまいち（Yamaichi）」，雖然媒體曝光度比較高，但是「勝漫」也非常優秀。

首先，店內環境十分乾淨良好，無論是哪張桌子或是吧檯座位，調味料和牙籤等都以同樣的順序整齊放好，看了感覺很舒服。

豬肉使用麻糬豬，慢慢油炸至中心也熟透，不像是最近豬排店常見的三分熟作法。即使中心也熟透，肉質卻很細致，給人咀嚼的快樂，愈咬愈甘甜多汁。每塊豬排也橫向切成對半，前方是瘦肉、後方是肥肉。肥肉清爽、沒有融化而是保留著完整口感，對喜歡肥肉的人來說難以抗拒，但肥肉吃起來也容易膩，因此建議擠上檸檬汁，或是沾芥末一起享用。

中等偏粗質地的麵衣緊貼著肉，因此也吸收了少許油脂，不過吃起來芳香，咬下時會發出清脆的聲響。如果麵衣能做得更細致，就不會含有多餘的油脂吧？

高麗菜絲很新鮮，淋上加了山椒的橄欖油沙拉醬搭配豬排一起吃，是獨一無二的味道。淺漬小菜有麴漬白蘿蔔、紅蕪菁、野澤菜、小長茄子等，十分豪華，可以感受到店家的氣魄，也提高了定食的價值。（牧元）

2013年1月造訪

推薦	特里脊肉定食……2,200日圓（180g）

【豬肉種類】岩中豬
【油炸用油】—
【定食】
〔米〕越光米
〔味噌湯配料〕每日更換
〔味噌〕紅味噌
〔淺漬小菜〕三種
〔白飯吃到飽〕有　〔高麗菜絲吃到飽〕有

Shop Data

- 東京都千代田區神田須田町1-6-1
- ☎ 03-3256-5504
- 11:00～14:15／17:00～20:30
- 休 周六、周日、國定假日
- 20個　可

27 《巢鴨》

とん平

Ton平

一周之內造訪了三次
油的狀態總是很良好

介紹我這間店的人是田邊年男，五反田法式餐廳「Ne Quittez Pas」的主廚。他在假日出門都是為了享受「炸肉串配啤酒」，某天邀我一同前往。

因為是法國料理主廚介紹的，我也抱持著期待，吃了之後真的很驚豔，炸肉串裡蔥的存在感很突出。一直以來，我都小看了炸肉串，驚豔的同時，我也深深反省了自己的看法。

這次吃了「豬排會議」主題的「上里脊肉豬排」。雖然不是使用品牌豬肉，但是品質很好、味道鮮甜。芳香的麵衣是仔細裹上二層麵包粉和蛋液而成，油也瀝得很乾淨、無可挑剔。我在一周內造訪了三次，每次都在不同時間，但是油的狀態總是很良好，用餐後的胃很爽快。高麗菜絲上放的不是難以食用的荷蘭芹，而是切成細絲的紅蘿蔔。

豬排醬汁的味道有點太過濃厚，把這樣的醬汁淋在剛炸好的豬排上真的太可惜了。或許是店家所在地的關係，很多年長的客人在豬排端上的瞬間，就淋上大量的醬汁。

至於米飯略有不足，還有，如果小菜的醃漬蘿蔔乾和野澤菜能再多用點心，我想對「とん平」的豬排來說一定是如虎添翼。也因為如此，或許田邊主廚的「炸肉串配啤酒」才是最正確的答案。（牧元）

2013 年 2 月造訪

推薦	里脊肉豬排定食……1,550 日圓（130g）

【豬肉種類】無特定品牌
【油炸用油】動物油＋植物油混合
【定食】
〔米〕越光米　〔味噌湯配料〕豬肉、牛蒡、豆腐、蔥
〔味噌〕信州味噌二種
〔淺漬小菜〕醃漬蘿蔔乾、醃漬芥菜
〔白飯吃到飽〕無
〔高麗菜絲吃到飽〕無（可免費續一次）

Shop Data

東京都豐島區巢鴨 2-1-6
03-3910-5385
11:30～15:00／17:30～21:00
休 周日、每月第 3 個周六
29 個　不可

28 《水道橋》

かつ吉 水道橋店

Katsu 吉 水道橋店

低溫引出了恰到好處的
豬肉鮮甜味道

店家創業約在五十年前，其民俗工藝風格，可說是豬排店高級化的先驅。秋葉原的「丸五」和金町的「喝」老闆都出身於此。

「里脊肉豬排定食」的肉雖然使用品牌豬肉，但是沒有固定使用特定品牌。用低溫慢慢油炸適度加熱，引出豬肉恰到好處的鮮甜味道。麵衣使用較粗顆粒的麵包粉，並用植物油油炸，因此是酥脆的金黃色，比加了豬油油炸的麵衣更加清爽。

高麗菜絲一開始就用另一個盤子盛裝端出，切得非常細，幾乎沒有纖維感，這不是每個人都會喜歡，或許有的人會比較喜歡硬脆的口感。

豬排醬汁有兩種，一種質地清爽、口味偏辣，另一種濃稠且味道厚重，但味道濃厚的醬汁也並不怎麼甜；另外也提供顆粒較粗的海鹽，不論哪一種都很適合搭配豬排。

米飯有綠紫蘇飯和白飯可以選擇，粒粒分明而美味。味噌湯使用八丁味噌，它的些微澀味能去除口中的油膩感。淺漬小菜有分量充足的三種小菜。

店內座位數量很多，雖然無法感受與師傅面對面交流的醍醐味，但是這種規模，餐點要維持一定以上的水準也不是一件簡單的事。（河田）

2013 年 5 月造訪

推薦｜里脊肉豬排定食……2,300 日圓（150g）

【豬肉種類】岩中豬等
【油炸用油】玉米油、芝麻油
【定食】
〔米〕一見鍾情米
〔味噌湯配料〕豆腐、珍珠菇
〔味噌〕熟成八丁
〔淺漬小菜〕野澤菜、泡菜、千枚漬
〔白飯吃到飽〕有 〔高麗菜絲吃到飽〕有

Shop Data

東京都文京區本鄉 1-4-1 全水道會館 B1
03-3812-6268
11:30～14:30／17:00～21:30；
周末、國定假日 11:30～21:00
休 全年無休
98 個 可

29 《京橋》

レストラン サカキ

Restaurant SAKAKI

鮮甜味道充足
豬排店都得佩服的逸品

Shop Data

東京都中央區京橋 2-12-12
03-3561-9676
11:30～13:40／18:00～20:30
休 周日、國定假日、每月第二個周六白天　54 個　可

2013 年 7 月造訪

推薦	千葉縣產 SPF 豬豬排定食……1,300 日圓（200g）

【豬肉種類】林 SPF 豬　【油炸用油】純豬油
【定食】〔米〕栃木縣產越光米　〔味噌湯配料〕清湯
〔味噌〕—　〔淺漬小菜〕無（馬鈴薯沙拉）
〔白飯吃到飽〕有　〔高麗菜絲吃到飽〕無

店家午間供應西式料理、晚間供應法國料理，不論哪一種都深具魅力，性價比也非常高。

榊原主廚的西式料理起源於以前位於神保町的餐廳「七條」，只要吃他調理的炸蝦馬上就知道。午餐時間最受歡迎的就是這道炸蝦了吧？

成為熟客很久之後，我才在這裡點豬排來吃，吃了之後很驚豔。豬排的油炸火候、肉質都無可挑剔，是連豬排店都得佩服的逸品。

豬排炸至熟透，但是肉質依然濕潤，多汁而鮮甜。緊貼著豬肉的麵衣也十分芳香，很能引起食欲。（山本）

30 《新橋》

むさしや

Musashiya

肉與脂肪的比例均衡
使用稀少的肋眼肉

Shop Data

東京都港區新橋 5-9-7 第 19 大協大樓 1F
03-3436-6348
11:30～13:30／17:30～20:30
休 —　76 個　可

2013 年 4 月造訪

推薦	極上里脊肉豬排定食（午間）……2,350 日圓（200g）

【豬肉種類】嚴選豬肉　【油炸用油】—
【定食】〔米〕千葉縣產
〔味噌湯配料〕岩手縣產海帶芽　〔味噌〕—　〔淺漬小菜〕—
〔白飯吃到飽〕無　〔高麗菜絲吃到飽〕無

「我會用這塊霜降豬肉炸成豬排。」點了極上里脊肉豬排後，老闆拿了生肉展示給我看，還說：「普通的豬排店就算說是特上，客人也不知道肉的厚度和使用的部位對吧？但是牛排店都會這麼做喔！」

我吃的豬排使用一頭豬只能切出六塊的肋眼，特徵是肉的內、外都夾雜脂肪，比例很均衡。

豬排用較高的溫度油炸，中心還是三分熟，肉質細致、肉汁豐富，甘甜的脂肪已經融化。中等偏粗質地的麵衣酥脆而芳香。脂肪如果能再加熱久一點，口感會更好、更美味吧？（牧元）

31 《銀座》

煉瓦亭

不愧是豬排始祖
完全不媚俗的逸品

明治二十八年（一八九五年）創業，這是一家百年歷史的老店。昭和三〇年代的收銀機現在仍發出清脆的聲響。上一代老闆木田孝一先生過世到現在，已經過了二十六年了，但是店家的模樣幾乎沒有改變。我在八〇年代前半出版《東京．味之決勝》當時，店裡大部分客人都是常客，但現在沒看過的客人占壓倒性的多數。

多年來，店家的菜單幾乎沒有改變，我喜歡豬排、炸小蝦、冬季的炸牡蠣等等。在八〇年代中期，「L'AMBROISIE」的主廚Bernard Pacaud為了在銀座舉辦美食鑑賞會，專程從巴黎前來，當時我帶他到這間店吃午餐，點了豬排和其他油炸食物，他喜歡的是炸牡蠣。回去之後，他在巴黎自家店裡的冬季菜單也加上了「炸奶油牡蠣」，那是一道用牡蠣殼呈裝炸牡蠣的料理。現在想起來都是很懷念的回憶。

好了，話題回到「豬排」，這間店的豬排真不愧是豬排始祖，是非常標準、完全不媚俗的逸品。雖然近幾年有點缺乏力量，但是這次造訪，肉質和油炸火候都無可挑剔。調理方法和以前相同，在接近中午時，肉加鹽醃漬，去除多餘的水分再油炸，豬排芳香鮮甜，甚至不需要加醬汁。（山本）

2013 年 9 月造訪

推薦	元祖豬排定食……1,700 日圓（100g）

【豬肉種類】國產豬
【油炸用油】豬油等
【定食】
〔米〕石川縣越光米
〔味噌湯配料〕—
〔味噌〕—
〔淺漬小菜〕—
〔白飯吃到飽〕—　〔高麗菜絲吃到飽〕—

Shop Data

東京都中央區銀座 3-5-16
03-3561-3882
11:15～14:15／16:40～20:30；
周六、國定假日 11:15～14:15／16:40～20:00
㊡ 周日
110 個　不可

32 《赤坂》

とんかつ まさむね

豬排 Masamune

雖然才剛開店不久
但是里脊肉豬排非常美味

現在赤坂周圍的餐飲店變化很大，特別是新開店不久的「まさむね」附近，韓國料理店非常多，幾乎可以說是個韓國村。或許是因為這樣，「まさむね」的外觀更顯得整潔素雅，感覺很清爽，不過，店內還是有著定食店的風情。

我在中午造訪時，整間店早就已經坐滿附近的上班族，年輕的上班族多半點九百八十日圓的「里脊肉定食」，但是這次我還是點了會議固定討論的「上里脊肉豬排定食」，這個也只要一千三百八十日圓。

而這個定食非常美味！肉質完美無瑕，一咬牙齒就會陷進肉中，從咬的地方滲出肉汁。表面較為粗糙的麵衣也很芳香，油瀝得很乾淨、無可挑剔。

米飯和高麗菜絲如果一開始就點大分則不用加價，這也很令人開心。味噌湯也散發著味噌的香味，很下飯。

有這種不像是「豬排店」的店家開張，也可以說很有赤坂的風格。我立刻再次造訪，吃了腰內肉定食與炸絞肉排，下次想試試看豬排咖哩飯。（山本）

2013 年 10 月造訪

推薦	特里脊肉豬排定食……2,380 日圓（300g）

【豬肉種類】和豬麻糬豬
【油炸用油】米油
【定食】
〔米〕新潟縣佐渡島產越後息吹米
〔味噌湯配料〕豬肉味噌湯（麻糬豬、白蘿蔔、紅蘿蔔、蒟蒻等）
〔味噌〕—
〔淺漬小菜〕自製淺漬小菜
〔白飯吃到飽〕無　〔高麗菜絲吃到飽〕無

Shop Data

- 東京都港區赤坂 2-8-19
- 03-3505-3505
- 11:30～14:30／18:00～21:30；周六 11:30～14:30
- 休 周日、國定假日
- 15 個　卡 不可

33 《人形町》

ビーフかつれつ そよいち

Beef Katsuretsu Soyoichi

讓人想起以前的豬排
不帶甜味的精致逸品

人形町的十字路口附近，有間長年受人喜愛的餐廳「キラク（Kiraku）」，這間店的味道就承繼自「キラク」。已故的前老闆長谷川外吉先生，會在客人點完餐的瞬間，從眼前的冰箱拿出豬肉、切塊、灑上鹽，處理好開始油炸。毫不造作的動作和敏捷的速度，讓人看得入迷，轉眼間料理就端上桌了。店裡出動了全家一起工作，當時負責製作嫩煎豬排的女兒，現在已是老闆。

一般認為豬排愈柔軟愈好，但是這間店的豬排具有能放開來咀嚼的美味，雖然甜味略有不足，但肉質細致、品質良好，能感受到不過於軟爛的美味。麵衣緊貼著肉，細致而芳香，帶有些微的豬油香氣，完全不含多餘的油脂。豬排是不帶甜味的精致逸品，讓人想起「以前的豬排就是這樣的吧？」

嫩煎豬排的醬汁是酒、奶油、醬油和大蒜製成的特殊醬汁，讓人不禁想配飯一起吃。還有，通心粉沙拉使用自製的美乃滋，味道溫和又不失庶民的魄力，也是這間店的特色。

這間店由家族一起經營，工作人員以女性為主，服務親切而溫暖，有著庶民城鎮的氣息，令人覺得很舒服。此外，雖然由老闆一個人製作大量的料理，但是上菜節奏良好、不需等待，這點也很棒。（牧元）

2016 年 7 月造訪

推薦	豬排飯……1,650 日圓（150g）

【豬肉種類】無特定種類（以肉質挑選）
【油炸用油】豬油
【定食】
〔米〕會津米
〔味噌湯配料〕豬肉、牛蒡
〔味噌〕混合味噌
〔淺漬小菜〕—
〔白飯吃到飽〕有 〔高麗菜絲吃到飽〕有

Shop Data

東京都中央區日本橋人形町 1-9-6
03-3666-9993
11:00～14:30／17:30～20:00
休 周日、周一
15 個 不可
※ 編注：店家己改名為「そよいち（Soyoichi）」

34 《銀座》

銀座にし邑

銀座 Nishi 邑

沾岩鹽品嘗
熟成豬肉的鮮甜味道

Shop Data

東京都中央區銀座 3-12-6
03-5565-2941
11:00～14:30／17:30～21:00
周六、周日、國定假日　14 個　不可

2014 年 6 月造訪

推薦　上里脊肉豬排膳……1,400 日圓（190g）

【豬肉種類】麥豬【油炸用油】沙拉油【定食】〔米〕越光米
〔味噌湯配料〕絞肉、白蘿蔔、蒟蒻、紅蘿蔔、牛蒡、酒粕
〔味噌〕白味噌　〔淺漬小菜〕醋醬油漬蘿蔔乾絲
〔白飯吃到飽〕無（可免費續大分或普通分量一次）
〔高麗菜絲吃到飽〕有

店家位於歌舞伎座的後方，面寬狹窄，吧檯座位一直延伸到店面後方。似乎是家族一起經營，團隊的默契很好。下酒菜種類很豐富，晚間也有客人預約座位，要享受其他料理。

豬排的麵衣使用中顆粒的麵包粉，炸成金黃色，不含多餘的油脂。豬肉經過熟成，店家建議右半邊沾岩鹽一起吃。右側的肉加了鹽之後，鮮甜味道的確昇華了；另方面，左半邊的肉味較淡，脂肪味比較明顯。

醬汁有伍斯特醬和豬排醬汁，兩種都很不錯，特別是伍斯特醬和高麗菜絲很對味。米飯很鬆軟，讓人還想再添。（河田）

35 《銀座》

梅林

在豬排文化留下足跡
昭和二年創業的老店

Shop Data

東京都中央區銀座 7-7-10
03-3571-0350
11:00～20:45
全年無休　35 個　可

2014 年 8 月造訪

推薦　里脊肉豬排定食（使用黑豬肉）……2,900 日圓（200g）

【豬肉種類】盤克夏類豬　【油炸用油】棉籽油
【定食】〔米〕山形滋雅米
〔味噌湯配料〕豆腐　〔味噌〕混合味噌　〔淺漬小菜〕高麗菜等
〔白飯吃到飽〕有　〔高麗菜絲吃到飽〕有

昭和二年（一九二七年）創業，這家店是廣為人知的一口腰內肉豬排、豬排醬汁和豬排三明治創始店。

豬排有三種，其中一種是「銀豬排」，不加任何調味料直接吃，能感受到肉的微微鮮甜，脂肪融化程度也恰到好處。雖然是高溫油炸，但是麵衣仍緊貼不剝落，由此可知食材是上等的豬肉。只是在同價位區間中，與使用品牌豬肉的豬排相比，肉汁和鮮味就略有不足。不過米飯、味噌湯，以及淺漬小菜拼盤，品質都很好。

這間店的豬排蓋飯有很多粉絲，只有在這裡才能看到這麼多人大口吃著豬排蓋飯吧？（牧元）

36 《成城學園前》

とんかつ椿
豬排椿

**推薦肋眼肉豬排
以岩鹽引出鮮甜味道**

三十年前成城學園的住宅區中，「豬排椿」的招牌突然冒出，光是這個地點就夠令人驚訝。我在一九八四年出版的《東京・味之決勝1984》中評論：「自然存在於成城住宅區內的豬排專賣店，料理只有椿豬排（里脊肉）和木通豬排（腰內肉）二種。腰內肉豬排炸成三分熟，肉的中心還是粉紅色、鮮甜味道十足，油也瀝得很乾淨。附上的高麗菜絲堆成小山，醬汁濃稠，但是甜味比鹹味更明顯。米飯、紅味噌湯也非常美味。」

久違多年再造訪，我發現菜單上多了「肋眼肉豬排」。雖然「豬排會議」的主題是「里脊肉豬排」，但我已經能預測到味道了，因此我大膽選擇嘗試「肋眼肉豬排」。

豬排端上桌時，店員建議不要淋上大量醬汁，而是沾岩鹽一起吃。沾了研磨過的岩鹽，肉的鮮甜味道的確變得更明顯。

這間店問題在於麵衣搶走了豬肉的風采，不過，或許是不含多餘油脂的關係，吃肋眼肉豬排時，這個炸得脆硬的麵衣就不會過度搶眼了。我將豬排醬汁淋在切得極細的高麗菜絲上，但是醬汁味道太過濃厚。如果肉要搭配岩鹽，高麗菜絲搭配伍斯特醬會更好吧？（山本）

2014年5月造訪

推薦	里脊肉豬排（椿）……1,800日圓（140g）

【豬肉種類】—
【油炸用油】豬油100%
【定食】
〔米〕越光米
〔味噌湯配料〕豆腐
〔味噌〕紅味噌
〔淺漬小菜〕—
〔白飯吃到飽〕無　〔高麗菜絲吃到飽〕—

Shop Data

東京都世田谷區成城5-15-3
03-3483-0450
11:30～14:00／17:00～20:00
休 周一（遇國定假日營業，翌日公休）
30個　不可

37 《淺草》

とんかつゆたか
豬排 Yutaka

美好的淺草豬排店沒有變成化石
延續著當時的風貌直至今日

店家外觀彷彿一般住宅，非常美麗，據說是在戰後不久建造的，風格彷彿日本料理店，具有和豬排發源地相稱的情調。店內氛圍很沉穩，客人多半是當地的常客和上了年紀的客人，完全沒看到那種看了網路評價而來的年輕人身影。

也就是說，戰後美好的淺草豬排店沒有變成化石，而是延續著當時的面貌直至今日，這或許可以說是一個小小的奇蹟。二位女性店員細心周到而爽朗，這種服務態度也是淺草獨有的，值得特別一提。

店家的豬肉不分等級，只有「里脊肉豬排」和「腰內肉豬排」兩種，這種簡單乾脆的做法，正是庶民城鎮淺草的特性。

話題回到「豬排」。豬排只切了四刀，也就是說，吃的時候必須咬斷較寬的豬排。雖然豬排本身不難咬斷，但是每塊豬排的寬度再窄一些，吃起來應該會更容易吧？

麵衣朝上的那一面很酥脆，但是朝下的那一面殘留著油脂，可惜了麵衣如此芳香。高麗菜仔細切成細絲，吃起來令人很開心。米飯也煮得很美味。味噌湯、淺漬小菜很用心，但是缺乏襯托豬排和米飯的魅力，不知道是不是因為現在已經沒有以前那種嚴格的客人了？（山本）

2014 年 7 月造訪

推薦	里脊肉豬排定食……2,000 日圓

【豬肉種類】大和豬
【油炸用油】
【定食】
〔米〕—
〔味噌湯配料〕—
〔味噌〕—
〔淺漬小菜〕—
〔白飯吃到飽〕— 〔高麗菜絲吃到飽〕—

Shop Data

東京都台東區淺草 1-15-9
050-5596-0835
11:30～14:30／17:00～21:00；
周末、國定假日 11:30～15:00／16:30～21:00
休 周四（周三不定期公休）
40 個 不可

38《南青山》

南青山 とんかつ赤月

豬排赤月

清爽的麵衣中
濃縮了岩中豬的魅力

從外苑前車站走小一段路，就會看到位於地下室的店家。店家為供應和風西洋料理的日本料理店，晚間除了豬排以外，似乎也有供應炸肉串和火鍋。

豬排使用白王豬、岩中豬、LBY豬三種豬肉，還有厚度的不同選擇，我選擇了價位居中的「岩中豬里脊肉豬排膳」。

岩中豬是岩手縣的品牌豬肉，除了脂肪帶有甜味以外，肉的纖維一經咀嚼就會滲出肉汁，是深具魅力的豬肉。

麵衣使用較粗顆粒的麵包粉，吃的時候會慢慢剝落。油炸使用米油，油瀝得很乾淨，後味也很清爽。這很適合沾喜瑪拉雅岩鹽一起吃，或是搭配加了香草、香辛料的店家自製醬汁一起吃，也很美味。

高麗菜絲的品質很良好，洋蔥沙拉醬和松露美乃滋讓人一口接一口。米飯使用輝映米，也是不可多得的美味。淺漬小菜是京都名產醋漬蕪菁，這在東京倒是有點稀奇。味噌湯的配料只有麵麩和豆腐，但簡單也有簡單的好。

店裡大小事務都由老闆一個人負責，讓人有點擔心人多的時候是否能維持品質。（河田）

2012年12月造訪

推薦	午間里脊肉豬排膳……1,200日圓（120g）

【豬肉種類】岩中豬等數種
【油炸用油】米油100%
【定食】
〔米〕輝映米
〔味噌湯配料〕麵麩、青蔥
〔味噌〕八丁味噌
〔淺漬小菜〕不固定（小黃瓜等）
〔白飯吃到飽〕無 〔高麗菜絲吃到飽〕無

Shop Data

東京都港區南青山4-1-8麗雲大樓B1F
090-7172-3780
11:30～14:30／18:00～凌晨0:00
（晚間、假日白天到店前15分鐘先來電）
休 周六白天
14個 卡 可

39 《代代木上原》

とんかつ 武信

豬排 武信

雖然較為樸素
但仍是優質的豬排

Shop Data

[地址] 東京都澀谷區西原 3-1-7　[電話] 03-3466-1125
[營業時間] 11:30～14:00／18:00～21:45；
周末、國定假日 11:30～14:30／17:30～21:30
[休] 周一（遇國定假日營業，翌日公休）[座位] 36 個　[信用卡] 不可

2015 年 1 月造訪

推薦	里脊肉豬排膳 松……1,800 日圓（未稅，170g）

【豬肉種類】千葉縣林 SPF 豬　【油炸用油】米油
【定食】〔米〕越光米 60%、一見鍾情米 20%、秋田小町米 20%
〔味噌湯配料〕鴨兒芹、豆腐　〔味噌〕紅味噌混麴味噌
〔淺漬小菜〕白蘿蔔、紅蘿蔔、小黃瓜、野澤菜
〔白飯吃到飽〕有　〔高麗菜絲吃到飽〕有

店家外牆是整面水泥牆，看不出是豬排店。這間店的豬排大小依價格而異，我點了最大的「里脊肉豬排膳」。豬肉使用林SPF豬，林SPF豬是不帶有特定病原菌的豬（但是並非無菌），因此很多店家會活用此特色，極力降低肉的熟度，以接近三分熟的口感作為賣點。

然而，「武信」不走這種路線，而是將豬肉油炸至中心只殘留些微粉紅。肉的鮮甜味道較淡，也因為使用米油炸得較清爽，豬排吃起來感覺較素雅。豬排醬汁不過甜，即使淋較多的量也很美味。淺漬小菜用麴醃漬至入味，應該也很下酒。（河田）

40 《椎名町》

とんかつ おさむ

豬排 Osamu

即使價格便宜
豬排也調理得很細心周到

Shop Data

[地址] 東京都豐島區南長崎 1-3-11
[電話] 03-3951-4961
[營業時間] 11:30～14:00（售完即打烊）
[休] 周日（遇國定假日營業）[座位] 外帶　[信用卡] 不可

2015 年 6 月造訪

推薦	里脊肉豬排定食……750 日圓

【豬肉種類】—　【油炸用油】豬油
【定食】〔米〕越光米　〔味噌湯配料〕白蘿蔔、紅蘿蔔、牛蒡、蔥
〔味噌〕—　〔淺漬小菜〕醃漬蘿蔔乾絲
〔白飯吃到飽〕無　〔高麗菜絲吃到飽〕無

這間店靜靜坐落在住宅區裡，只要七百五十日圓就可以吃到近一百克的豬排，但即使價格便宜，仍然調理得很仔細周到。

豬肉雖然不敵品牌豬肉，但是肉質紮實，帶有微微甜味。中等偏粗的麵衣緊緊貼著豬肉，用高溫炸至酥脆，吃起來會發出清脆聲響，油也瀝得很乾淨，讓人一口接一口。除了小菜，米飯、高麗菜絲、味噌湯、偏甜的豬排醬汁都無可挑剔。店家也提供伍斯特醬，很適合淋在豬排邊緣的肥肉部分。

其實豬排只沾鹽就很美味，但是這種庶民派的豬排，還是適合淋上醬汁。（牧元）

※編注：目前僅做外帶

41 《御徒町》

とん八亭

Ton 八亭

聖地上野的豬排
不輸過去的三大名店

說到上野就會想到那是豬排的聖地，明治時代創業的「Pon 多本家」可以說是豬排的創始店，加上「雙葉」和「蓬萊屋」，這三間店長久以來被稱為是上野的豬排三大名店。

然而，現在「雙葉」已經歇業，和它齊名的「平兵衛」也收起來了。雖然如此，「とん八亭」仍然堅強的生存下來。

「とん八亭」位於上野狸小路，「雙葉」分店以前也位於這條巷子內。我在平日中午造訪，店門前沒有排隊的人潮，店內只有常客，非常安靜乾淨。

我每次都點「里脊肉豬排」，豬排不使用品牌豬肉，也沒有獨特的特徵，味道平穩而溫和，和「聖地」上野很相稱。肉質非常柔軟而多汁，和過去的三大名店相比也毫不遜色，只是有時候油瀝得不夠乾淨，讓人有點在意。

豬排定食是貨真價實的日本料理，因此米飯、味噌湯、淺漬小菜也很重要，這間店算是及格。特別是淺漬小菜會隨季節更換，能為用餐增添情趣。

這次為了「豬排會議」，我第一次點了「腰內肉豬排」，但還是「里脊肉豬排」更令人感到滿足。中午時住附近的常客都點八百日圓的「豬排飯」，這個只在午間供應的特餐非常超值，我吃了或許也會在「特別附註」加分。（山本）

2014 年 10 月造訪

推薦	里脊肉豬排定食……1,800 日圓（170～180g）

【豬肉種類】日本（主要為千葉縣產）
【油炸用油】豬油 100%
【定食】〔米〕越光米、一見鍾情米
〔味噌湯配料〕豆腐、豬肉、鴨兒芹
〔味噌〕三種味噌的混合味噌
〔淺漬小菜〕小黃瓜、白蘿蔔、紅蘿蔔和當季小菜一種
〔白飯吃到飽〕有（僅限一次）
〔高麗菜絲吃到飽〕有（僅限一次）

Shop Data

東京都台東區上野 4-3-4
03-3831-4209
11:30～14:30（售完即打烊）
周一（遇國定假日營業，翌日公休），可能臨時公休
15 個　不可

42 《金町》

とんかつ喝

豬排喝

里脊肉纖維細致
帶有充足的豬肉鮮甜味道

店面位於二樓，雖然不顯眼，但是確實抓住了當地客人的心。料理品項豐富，豬排也有多種品牌豬肉、多種部位可以選擇，這次我選了標準的「里脊肉豬排定食」。

或許是因為老闆出身於豬排店「かつ吉（Katsu吉）」，豬排同樣以低溫慢慢油炸而成，因此麵衣蓬鬆，色調也偏白。肉的中心殘留著一點點粉紅色，帶有鮮甜的味道，纖維也很紮實，能充分感受到豬肉的優點。

價格較高的豬排會附上柚子醋醬油或是白醬油，但是一般的定食只附上口味偏甜的豬排醬汁，連鹽和芥末都沒有。不過豬肉本身的調味已經足夠，直接吃也很美味。

高麗菜絲、米飯也有一定水準。淺漬小菜是泡菜、鹿尾菜、蘇（古時候類似起司的食物）拼盤，等到豬排端上桌時，小菜已經全部都吃完了。店裡也供應各種酒類，或許這些小菜是下酒用。

紅味噌湯加了蓴菜，雖然有些微苦味，但也能去油解膩。

以前我曾在這裡吃過伊比利豬排，伊比利豬的賣點是肥肉，我以為伊比利豬炸成豬排，肥瘦比例就會失衡，但是這間店的伊比利豬排，肥瘦的比例很均衡，是很美味的豬排，或許這間店真正的實力是在這種特定料理。（河田）

2014年11月造訪

推薦	里脊肉豬排定食……1,700日圓（未稅，140g）

【豬肉種類】岩中豬、地瓜豬等
【油炸用油】大豆油、芥花油
【定食】
〔米〕七星米、一見鍾情米
〔味噌湯配料〕豆腐、蓴菜、香辛料
〔味噌〕Kakukyu八丁味噌　〔淺漬小菜〕醃漬小黃瓜等
〔白飯吃到飽〕僅限平日午餐時間
〔高麗菜絲吃到飽〕無

Shop Data

東京都葛飾區東金町1-11-3伴大樓2樓
03-3608-7141
周一、周五至周日11:00～13:30／17:30～20:30；周二、周四11:00～13:30
㊡周三　24個　不可

column

當地豬排蓋飯的世界

河田 剛

東京都以外，各地也有眾多豬排名店，例如：名古屋有「あさくら（Asakura）」、濱松有「幸樂」、大阪有「マンジェ（Manger）」等等。豬排和拉麵不同，缺乏地方特色，除了名古屋的味噌豬排以外，豬排在日本全國都是同樣的形式，比起地區差異，店家的個別差異更大。然而，豬排蓋飯在每個地區仍都有獨特的發展。

一般來說，豬排蓋飯給人的印象都是米飯上放豬排、上面再打個蛋，有說法認為早稻田的蕎麥麵店「三朝庵」創造了這種豬排蓋飯。不過，醬汁豬排蓋飯更早誕生。另一種說法認為醬汁豬排蓋飯起源於一九一三年，由高畠增太郎在料理講習會發表，並由他在早稻田經營的西式料理店「歐洲軒（ヨーロッパ軒）」販賣。也有說法認為醬汁豬排蓋飯是學生中西敬二郎的發明，當時他是早稻田的咖啡店客人，發明後由咖啡店供應。

不管正確的說法是哪種，早

稻田都是醬汁豬排蓋飯的發源地、第一碗豬排蓋飯都是醬汁豬排蓋飯。而「歐洲軒」之後搬遷至福井市，因此醬汁豬排蓋飯的文化就在福井生根了，在福井可以吃到醬汁豬排蓋飯與當地有名的蘿蔔泥蕎麥麵組成的套餐。

醬汁豬排蓋飯在福島縣會津地區也有自己的特色，相對於福井使用伍斯特醬，會津的醬汁豬排蓋飯會淋上更濃稠的醬汁。會津的拉麵名店「牛乳屋食堂」在新橫濱拉麵博物館內有開設分店，店裡提供的拉麵加醬汁豬排蓋飯套餐很受歡迎（筆者造訪時當然也點了這個套餐）。除此之外，群馬縣桐生市、長野縣駒之根市等也都有獨特的醬汁豬排蓋飯。

另一方面，多密格拉斯醬的醬汁豬排蓋飯在岡山市廣為人知，多半在拉麵店供應。岡山的醬汁豬排蓋飯為米飯上放高麗菜絲和豬排，再繞圈淋上多密格拉斯醬。像岡山的拉麵老店「やまと（Yamato）」會提供小碗的拉麵搭配醬汁豬排蓋飯，兩者一起吃，在岡山是非常常見的光景。

沖繩也發展出獨特的醬汁豬排蓋飯，米飯上一起放上炒青菜和豬排，這種形式在其他地區很少見。此外，有些地區的醬汁豬排蓋飯不使用豬排醬汁，而是使用醬油。

豬排定食的組成，是豬排、高麗菜絲、米飯、淺漬小菜、味噌湯，像是傳統藝能一樣有著無法動搖的形式。相較之下，豬排蓋飯雖然是豬排和米飯的組合，卻還能與蕎麥麵或拉麵搭配。依豬排蓋飯的自由度來看，今後說不定會引進法國料理和義大利料理的要素，而有新的豬排蓋飯（例如松露豬排蓋飯）出現。

column

在豬排店喝酒

Mackey 牧元

很少人會在豬排店喝酒，去豬排店的人大多是抱著「今天就要吃豬排」的想法，得意的鼻孔噴氣，一邊唱著「豬排、豬排，啦啦啦」，興奮到眼神發亮。

因此，即使有人會在著豬排上桌的空檔，抱著「好吧！不如喝瓶啤酒」的想法喝點酒，也很少人是選擇坐下來好好喝酒的。

其實這才是關鍵，大家都不做的事情，反而隱藏著很吸引人的祕密。

因此，我會在豬排店喝酒。（雖然也只是我很喜歡喝酒啦！）

壓抑住「迫不及待想吃豬排」的想法，躲避掉「要吃豬排了」的氣勢，而喝酒。

以壓抑、躲避的方式逼迫自己，而產生被虐的快感。有了這些壓抑、躲避，讓人在豬排店比在居酒屋更能感受到人生的餘裕，而能以優雅的感覺喝醉（雖然也只是找了一堆理由在喝酒而已）。

以前，我會下午就到秋葉原的「丸五」喝酒，小菜「煮昆布和香菇」很美味，讓人不禁想點酒來喝。

先喝一瓶大瓶啤酒，吃了下酒小菜和沙拉後，再點肉類拼盤

來吃。

這時也點一瓶熱酒。「丸五」有涼拌豬肉、味噌漬牛舌、醬油燉牛肉之類，下酒菜的料理很豐富，皆在四百日圓左右，令人感到開心，說不定像這樣「在豬排店喝酒的人」也會意外多起來，形成風氣。

用沙拉附的美乃滋做成的芥末美乃滋，也可做成芥末醬油，肉類拼盤沾這兩種醬料交錯慢慢吃，搭配熱酒真的很適合，我忍不住又點了一瓶，也順便點了盤涼拌豆腐。

下午二時了，豬排店有個微醉的大叔。很好。雖然很好，但是我這樣下去說不定會變成酒精中毒大叔。

雖然我還能繼續喝，但是看到店外已有排隊的人潮，我還是點了料理。今天不吃豬排，而是吃嫩煎豬肉，嫩煎豬肉加了生薑、淋了濃稠的照燒風味醬汁，味道濃厚、鹹中帶甜，加上甘甜的肉汁，令人不禁滿足的笑出聲來。

哈哈哈，這也和熱酒很對味。

43 《兩國》

とんかつ はせ川

豬排 Hase 川

在口中擴散的甘甜香味
讓人不禁滿足的笑了

這次會議主題是「極上里脊肉豬排定食」，但是我在下午一點造訪時，門口已經貼出「售罄」，我只能改以「上里脊肉豬排」參加會議討論。

店家位於餐飲店眾多的橫綱巷內，在爵士樂背景下，大家都一心一意吃著豬排，舉目所及，全部的客人都是男性。吃「腰內肉豬排」的人很多，剛好店家有提供半分的選擇，因此我也加點了「半腰內肉豬排」。

「上里脊肉豬排」應該有一百五十克，看起來不小，細致的麵衣緊貼著豬肉，肉的切面很濕潤。均勻加熱過的豬排，一咬下，甘甜香味就擴散至整個口中，脂肪也立刻融化，讓人不禁滿足的笑了。

豬肉很有平田牧場三元豬的風格，味道直接而清爽，肉質細致但不過軟，咀嚼的感覺會讓吃肉的情緒高漲。麵衣酥脆芳香，不含多餘的油脂，豬排下方放了網架，但是下方的麵衣並沒有變得濕軟。豬排從油鍋撈起來後，應該靜置了一段時間、瀝乾油脂才放到網架上吧？

醬汁有兩種，偏辣的醬汁適合和高麗菜絲一起吃，偏甜的醬汁甜味也不膩，這種豬肉有獨特的上蓋部分（豬排右端寬度較窄的部分），脂肪比肉多，將偏甜的醬汁和芥末淋上，應該也很適合。（牧元）

2014 年 12 月造訪

推薦｜厚切極上里脊肉……2,800 日圓（未稅，220g）

【豬肉種類】平田牧場三元豬
【油炸用油】米油、豬油
【定食】
〔米〕越光米
〔味噌湯配料〕蔥、珍珠菇
〔味噌〕紅味噌
〔淺漬小菜〕白蘿蔔、小黃瓜
〔白飯吃到飽〕有 〔高麗菜絲吃到飽〕有

Shop Data

東京都墨田區兩國 3-24-1
兩國尾崎大樓 103
03-5625-2929
11:30～14:30／17:00～22:00
全年無休
24 個 可

44 《銀座》

惠亭 松屋銀座店

肉含有適量的脂肪
帶有鮮甜味道和嚼勁

Shop Data

東京都中央區銀座 3-6-1 松屋銀座本店內 8 樓
03-5159-8686　11:00～21:30
以設施的公休日為準　38 個　可

2015 年 8 月造訪

推薦｜越後麻糬豬里脊肉豬排膳「雪」……2,070 日圓（120g）

【豬肉種類】越後麻糬豬、鹿兒島黑豬薩摩、美國產豬肉、加拿大產豬肉　【油炸用油】純正植物油
【定食】〔米〕會津越光米　〔味噌湯配料〕蛤蜊或豬肉
〔味噌〕紅味噌（蛤蜊味噌湯）、白粒味噌（豬肉味噌湯）
〔淺漬小菜〕柚子白蘿蔔、醬油漬蘿蔔乾絲、紫蘇風味山藥、醃漬里牛蒡（四種小菜拼盤，吃到飽）
〔白飯吃到飽〕有　〔高麗菜絲吃到飽〕有

它是連鎖豬排店「和幸」集團的高級品牌，這次造訪了銀座松屋內的分店，從食材、裝潢到服務態度，都比「和幸」更高一階。

豬肉有越後麻糬豬和鹿兒島黑豬兩種，我選了越後麻糬豬，切除了大部分的肥肉，但仍含有適量脂肪，味道鮮甜帶有嚼勁。

麵衣使用中等偏粗顆粒的麵包粉，炸得很酥脆，不過有時碰觸到嘴巴的觸感令人在意。附有醬汁和白蘿蔔泥，豬排醬汁的甜味不強烈，比較不容易膩。米飯煮得鬆軟美味，淺漬小菜和米飯還算搭配。服務人員多次前來添茶，服務很細心。（河田）

45 《蒲田》

とんかつ 檍

豬排 檍

上里脊肉豬排便宜厚實
能和其他店的特級里脊肉豬排匹敵

Shop Data

東京都大田區蒲田 5-43-7
03-3739-4231
11:00～14:00／17:00～21:00
周日、周一、國定假日　10 個　不可

2014 年 2 月造訪

推薦｜里脊肉豬排定食……1,000 日圓（170g）

【豬肉種類】林 SPF 豬　【油炸用油】豬油 100%
【定食】〔米〕越光米
〔味噌湯配料〕豬肉、白蘿蔔、洋蔥、紅蘿蔔
〔味噌〕白味噌　〔淺漬小菜〕—
〔白飯吃到飽〕無　〔高麗菜絲吃到飽〕無

在這附近居住或工作的豬排愛好者一定很幸福，因為只要一千三百日圓就可以吃到林ＳＰＦ豬的厚豬排。

掌廚的是年邁的老闆和一位女性，不知道是不是老闆娘？她爽快的服務態度給人舒適愉快的氛圍。

上里脊肉和其他店的特級里脊肉一樣厚，以較高的溫度油炸。肉的中心帶著潤澤的粉紅色，肉質細密，味道清甜。麵衣緊貼著肉，質地較為粗糙，口感酥脆而有分量感。雖然我喜歡麵衣細致的，但是為了吃大分豬排而來的客人，應該比較喜歡現在的質地吧？（牧元）

46 《久之原》

とんかつ 自然坊

豬排 自然坊

群馬縣產大和豬肉
高雅的甜味充分被發揮

這間店開在距離車站約七分鐘路程的閑靜住宅區內，它一定是間深受當地客人喜愛的豬排店吧？我在周六中午過後造訪時，店內坐著兩組老夫婦，吃著豬排喝著酒，還點了醋漬魚膘和烤茄子下酒，看起來度過了充實的時光。

一坐下，店家就送上熱毛巾，質地厚實、觸感良好、溫度恰好、沒有香味，可以看出店家迎接客人的準備做得多周全，用餐以此作為開端十分舒服。

里脊肉豬排的切面濕潤、泛著肉汁的光澤，令人胃口大開。肉質細致柔軟，有著像是會吸附在牙齒的口感，雖然這是群馬縣大和豬的特色，但是油炸技術引出了高雅的甜味。肥肉適度去除了一部分，雖然仍保留著口感，但是一咬下就立刻融化。

麵衣中等偏粗，酥脆芳香，和豬肉的比例很均衡，但可能炸得有點過久，一部分的麵衣剝落了。雖然麵衣沒有豬油的濃醇，但也不含多餘油脂，放在盤子的那一面沒有濕氣，是能帶來十二分幸福的豬排。

新鮮甘甜的高麗菜絲、細心製作的淺漬小菜、甘甜清香的米飯，還有加了珍珠菇和鴨兒芹的紅味噌湯，這些配菜都充滿真誠的心意，是讓人心情愉快的豬排定食。（牧元）

2015年12月造訪

推薦	里脊肉豬排……2,700日圓（未稅，230g）

【豬肉種類】大和豬
【油炸用油】棉籽油
【定食】
〔米〕魚沼市產越光米
〔味噌湯配料〕珍珠菇紅味噌湯
〔味噌〕八丁味噌
〔淺漬小菜〕米糠漬小菜等
〔白飯吃到飽〕有 〔高麗菜絲吃到飽〕無

Shop Data

東京都大田區久之原4-19-24
050-5597-4983
11:30～14:30／17:00～21:30
㉁ 周三
33個 可

47 《大井町》

丸八とんかつ店

丸八豬排店

豬肉和麵衣合為一體
令人喜愛的昭和時代豬排

店家雖然位於大井町，但是有著庶民城鎮的氛圍。店內因長年經營而有些雜亂，但原色木質的吧檯座位十分乾淨。服務人員二代同堂創造出一種家族氛圍，客人點餐後，店員間的傳話聽了很舒服。

還有，牆壁上寫著大大的「普通豬排定食」。近幾年，菜單上幾乎已經看不到「普通」兩個字，而都使用「特上」、「特選」等字眼。半世紀以前，我還是「熱愛豬排的少年」時，淺草豬排店的菜單上寫的都是「普通豬排」，沒想到我會在大井町的豬排屋和這個品項再次相遇，勾起了我的懷舊心情。

雖然我很想選「普通豬排」，但配合「豬排會議」的主題，我不得不點「上里脊肉豬排定食」。里脊肉豬排慢慢油炸而成，表面雖然呈現焦黃色，但是並沒有炸焦，而是將麵包粉的芳香發揮至最大極限。

豬肉雖然缺乏肉汁，但是味道鮮甜得無可挑剔，與麵衣合為一體，也讓人想起以前的「昭和時代豬排」。

米飯和味噌湯都很美味。很多客人都點了「淺漬上白菜」，因此我也跟著點了，感想只有：「這是什麼？好好吃！」白菜的甘甜、引出鮮甜味道的絕妙鹽量！這應該可以稱為老闆娘的絕技吧？光是這個就可以再多吃一碗飯。（山本）

2015 年 2 月造訪

推薦	上里脊肉豬排定食……1,650 日圓（140g）

【豬肉種類】山形豬
【油炸用油】豬油 100%
【定食】
〔米〕越光米
〔味噌湯配料〕洋蔥、紅蘿蔔、牛蒡
〔味噌〕信州味噌
〔淺漬小菜〕加鹽搓揉醃漬的高麗菜
〔白飯吃到飽〕無　〔高麗菜絲吃到飽〕無

Shop Data

東京都品川區東大井 5-4-10
03-3471-2681
11:30～21:30
休 周一（遇國定假日營業，翌日公休）、每月第三個周一、周二連休
40 個　不可

48《銀座》

とん㐂

Tonki

豬排蓋飯深受好評
里脊肉豬排也十足鮮甜

這家店已經在銀座營業很久，雖說是開在銀座，但不是很講究排場，可以輕鬆踏入。店內可以看到銀座的男性客人們悠閒用餐，想必很受當地居民喜愛吧？

這間店的豬排蓋飯深受好評，一直以來我都沒有點過其他品項，不過，因為放在米飯上的豬排品質很好，單吃也一定很美味。里脊肉豬排分量較小、厚度也不怎麼厚，但是味道十分鮮甜，很有昭和時代豬排的風格，肥肉也較少。

麵衣為金黃色，炸得很酥脆。店家提供的鹽是餐桌鹽，而豬排醬汁偏甜，因此伍斯特醬出場的機會必定會變得較多，店家提供的是Union Sauce的伍斯特醬，在市售品中很受好評，雖然只是不起眼的小地方，但是這也顯示了這間店的判斷力吧？

另外，店家還提供白蘿蔔和柚子醋醬油，很適合用來變換口味。高麗菜絲、米飯、淺漬小菜的製作也不隨便。味噌湯的配料很多，帶有微微甜味。作為在銀座能以便宜價格用餐的店，我很推薦。

（河田）

2015年5月造訪

推薦	特製里脊肉豬排定食……午間1,500日圓、晚間1,680日圓（110g）

【豬肉種類】日本三元豬里脊肉
【油炸用油】豬油
【定食】〔米〕越光米
〔味噌湯配料〕豬肉、白蘿蔔、紅蘿蔔、牛蒡等
〔味噌〕神州一味噌　〔淺漬小菜〕白蘿蔔、小黃瓜、醃漬高麗菜
〔白飯吃到飽〕無（午餐時間限定可免費續半碗飯）
〔高麗菜絲吃到飽〕無

Shop Data

東京都中央區銀座6-5-15 能樂堂大樓B1
03-3572-0702
11:30～14:30／17:00～21:00；周末、國定假日11:30～14:30
㊡ 全年無休
19個　不可

49 《新橋》

とんかつ 酒菜くら

豬排 酒菜 Kura

雖然才剛開幕
已經很受附近客人好評

Shop Data

東京都港區西新橋 1-11-8
☎ 03-3597-9522
11:30～14:30／17:30～21:30；周六 11:30～14:30
㊡ 周日、國定假日　20 個　可

2016 年 4 月造訪

推薦	黑豬里脊肉豬排定食……1,780 日圓（150g）

【豬肉種類】LWD（藍瑞斯種、約克夏種、杜洛克種的三元交配種）
【油炸用油】棕櫚油
【定食】〔米〕千葉縣產房總少女米　〔味噌湯配料〕每日更換
〔味噌〕米味噌　〔淺漬小菜〕每周更換
〔白飯吃到飽〕有　〔高麗菜絲吃到飽〕有

一如店名有「酒菜」二字，到了晚上變得比較像是居酒屋。初次在晚上造訪時，店內已經坐滿了以豬排下酒的客人。

後來我改在中午造訪，抵達時已經有約十人在排隊，看來也很受附近的上班族歡迎。我點了價格較高的「南州黑豬里脊肉豬排定食」，能確實感受到鹿兒島縣黑豬特有的鮮甜，脂肪也帶有甜味。麵衣顆粒較粗，而且裹得較厚，因此存在感必定會比豬肉更強烈，但是麵衣並不含多餘的油脂。

豬排醬汁很濃厚，沾取少許即可。雖然也提供岩鹽，但我覺得最搭的卻是清爽的伍斯特醬。（河田）

50 《四谷》

とんかつ 三金

豬排 三金

優質的林 SPF 豬肉
肉質細致、肉汁豐富

Shop Data

東京都新宿區四谷 1-8-3 四谷三信大樓 2F
☎ 03-3355-3299
11:30～15:00／17:00～21:30；周日、國定假日 11:30～15:00／17:00～21:00　㊡ 不定期公休　30 個　不可

2017 年 1 月造訪

推薦	里脊肉定食……1,800 日圓（150g）

【豬肉種類】林 SPF 豬肉【油炸用油】豬油、沙拉油
【定食】〔米〕越光米
〔味噌湯配料〕蛤蜊味噌湯、豬肉味噌湯
〔味噌〕自製混和味噌　〔淺漬小菜〕蕪菁
〔白飯吃到飽〕有　〔高麗菜絲吃到飽〕有

一九四六年於新宿創業，之後在四谷車站前營業了近五十年，二〇一〇年結束營業時，感到惋惜的客人很多，因此於二〇一〇年末搬遷至現址繼續營業。

記得我曾經在十幾年前造訪過這間店，和當時相比，現在的豬排肉質大幅提升了，仔細油炸的林ＳＰＦ豬肉肉質細致、肉汁豐富。細致的麵包粉和肉的比例很均衡，不過豬排炸得有點過久，吃到第三塊後，肉會變得過熟。

米飯、小菜、味噌湯、高麗菜絲等配菜雖然不是最高等級，但也毫不遜色。豬排醬汁的酸甜比例均衡而美味。（牧元）

51 《西麻布》

三河屋

充滿家族之愛的店家
讓人身心溫暖

我造訪的那一天，約有十個人在排隊，但是沒有一個人露出不悅的表情。被這樣的客人圍繞，店家也充滿了對客人的愛。親切的店員姊姊還開玩笑的對排在最後的人說：「你可以告訴之後來排隊的人，炸絞肉排已經賣完了嗎？不好意思喔，會給你打工費啦！」進到店裡一坐下，店員伯伯就招呼我：「不好意思，讓你久等了。」這間店是家族一起經營的，長久以來都是媽媽擔任油炸的職務，媽媽退休後，由爸爸和長女擔任服務人員，三女負責油炸料理。

豬排的肉質沒有品牌豬來得好，但是以這個價位來說十分超值。粗糙的麵衣緊貼著肉，酥脆芳香，也不含多餘的油脂。雖然高溫油炸至焦茶色，但是吃到最後仍然不乾柴。附有一個馬鈴薯甜味豐厚的可樂餅，以及很厚的炸火腿排，這對喜歡油炸食物的人都是難以抵擋吧？

我也很推薦最受歡迎的「綜合定食」，內含可樂餅、炸絞肉排、炸火腿排、雞肉排。炸絞肉排和炸火腿排味道濃厚，似乎是用高溫油炸而成，因此口感不是酥軟而是酥脆，負責油炸的三女背影給人充滿威嚴的感覺。盡情享受充滿家族之愛的油炸食物後，在店員溫柔的「謝謝您」之下離開，胃和心情都感覺很溫暖。（牧元）

2015 年 9 月造訪

推薦	里脊肉豬排定食（國產）……1,100 日圓（170g）

【豬肉種類】不講究品種，使用麻糬豬
【油炸用油】自製純豬油
【定食】
〔米〕越光米
〔味噌湯配料〕豆腐、海帶芽
〔味噌〕Marukome 白味噌
〔淺漬小菜〕芥菜絲
〔白飯吃到飽〕有　〔高麗菜絲吃到飽〕有

Shop Data

東京都港區西麻布 1-13-15
03-3408-1304
11:30～14:30（售完即打烊）
㊡ 周三、周六、周日、國定假日
17 個　不可

52 《大森》

とんかつ 鉄

豬排 鐵

剛炸好的麵衣
散發的甘甜香味非常棒

2015年11月造訪

推薦	特上里脊肉豬排定食……2,000日圓（260～270g）

【豬肉種類】林 SPF 豬
【油炸用油】豬油
【定食】
〔米〕佐渡市產越光米
〔味噌湯配料〕紅蘿蔔、白蘿蔔、洋蔥、高麗菜
〔味噌〕—　〔淺漬小菜〕—
〔白飯吃到飽〕無（可免費續一次）
〔高麗菜絲吃到飽〕無（可免費續一次）

Shop Data

東京都品川區南大井 6-19-16
Katerina（カテリーナ）大森 B1
☎ 03-6459-6416
11:00～14:00／17:00～21:00
㊡ 周一
28 個　不可

似乎是新開的店家，店內裝潢以黑色和茶色為基調，與傳統的豬排店印象不同，給人時尚的印象。

牆上公告寫著「本店使用無菌豬肉，因此豬排炸成三分熟。」然而一吃就發現，雖然豬排中心是三分熟，但是肥肉和下方的筋都已熟透，口感良好。

肉富有嚼勁，最重要的是剛炸好的甘甜香味非常棒。肥肉味道也很溫和、入口即化。但是，或許是因為肉質緊實，吃到最後會感覺有點硬。

豬排應該是用高溫油炸吧？雖然中心是三分熟，但是麵衣卻是接近炸焦，微微的苦味對豬肉來說有點干擾，如果能改良油炸方式，豬排應該會變得更好吧？麵衣散發著豬油的香味，緊貼著肉，豬排油炸後靜置過，因此接觸盤子的那一面也很酥脆。這個價格能吃到這種肉質和分量，十分超值。

豬排醬汁後味殘留著不自然的鮮甜，令人有點在意。高麗菜絲則十分新鮮爽脆。豬肉味噌湯完全去除了油脂，味道和豬排並不衝突，溫和的香味讓定食更美味。

米飯煮得較硬，淺漬小菜為高麗菜、紅蘿蔔、小黃瓜。店家提供德國阿爾卑斯山產、安地斯產、巴基斯坦產三種岩鹽，味道最素雅的德國岩鹽和豬排最搭配。（牧元）

53 《淺草》

とんかつ とお山

豬排 Too 山

淺草又多了一間好店

從二〇一五年夏天在淺草松屋附近開張至今，店家現在已經擁有很多熟客。據說老闆遠山茂德氏曾經在六本木的「イマカツ（Imakatsu）」工作，這是他出來獨立開設的店家。

「上里脊肉豬排定食」的豬肉炸得較熟，但是肉質並不硬，牙齒可以輕易咬斷。調理引出了豬肉的鮮甜，整體也含有適量的脂肪。

麵衣使用較細致的麵包粉裹得較薄，油炸成金黃色，但是有一部分很容易剝落。使用豬油和牛油混合油炸，香味很能引起食欲。雖然店家最推薦豬排加黑竹炭鹽一起吃，但是提供的豬排醬汁也很清爽，後味和豬排非常搭配。不知道是不是以前開在這附近的「豚珍館」的影響，店家也推薦豬排加山葵醬油一起吃。

高麗菜絲適度保留了纖維，吃起來很美味。米飯使用越光米，煮得很鬆軟，讓人想再吃一碗。味噌湯的口味雖然是豬肉味噌湯，但是當天的味道有點淡、香味也不強。雖然定食有附煮白蘿蔔拼盤，但是淺漬小菜只有桌上的醃漬小黃瓜，我希望淺漬小菜能多一點變化，即使再多付一些錢也無所謂。

炸絞肉排似乎也很受歡迎，有好幾位客人前來外帶。淺草又多了一間好店，希望這間店就這樣在淺草生根。（河田）

2015 年 12 月造訪

推薦	午間里脊肉定食（僅限平日）……980 日圓（120g）

【豬肉種類】加拿大產豬肉、鹿兒島縣產黑豬
【油炸用油】豬油、牛油
【定食】
〔米〕新潟越光米
〔味噌湯配料〕白蘿蔔、紅蘿蔔、豬肉
〔味噌〕白味噌　〔淺漬小菜〕醃漬小黃瓜
〔白飯吃到飽〕有
〔高麗菜絲吃到飽〕有

Shop Data

東京都台東區花川戶 1-6-8
03-5806-2929
11:00～21:30
全年無休
17 個　不可

54 《濱松町》

かつ正

Katsu 正

在豬排店激戰區
散發存在感的新店家

Shop Data

東京都港區濱松町 2-6-2 262 大樓 B1F
03-6435-7195
11:00～14:30／17:00～21:30；周六 11:30～13:30
周日、國定假日　22 個　可

2017 年 3 月造訪

推薦	特上里脊肉豬排定食……2,000 日圓（200g）

【豬肉種類】岩中豬　【油炸用油】日本米油、豬油 100%
【定食】〔米〕宮城一見鍾情米等
〔味噌湯配料〕豬肉味噌湯（白蘿蔔、紅蘿蔔、豬肉）
〔味噌〕麴味噌等　〔淺漬小菜〕野澤菜、山牛蒡
〔白飯吃到飽〕有　〔高麗菜絲吃到飽〕有

據說老闆出身於「かつ吉（Katsu 吉）」，但是他有自己的想法，麵衣不像「かつ吉」那麼粗糙，而是較為細致、緊貼著肉。肉質濕潤而充滿甘甜，非常美味。似乎是去除掉大部分脂肪才裹上麵衣，脂肪的香味融入肉裡，很能引起食欲。

配角群中，豬排醬汁有恰好的辣味、香氣強烈，淋在豬排上讓人想配飯一起吃，但是紅味噌湯的鮮甜味道較淡，感覺稍嫌不足。可能是因為店裡全由老闆一個人經營，所以忙不過來吧？希望配菜品質能提昇，搭配成很棒的豬排定食。（牧元）

※編注：暫停營業

55 《市之谷》

Hana-mitsu

也很推薦炸肉串
蔥多汁而柔軟、帶有甘甜香味

Shop Data

東京都千代田區九段南 3-8-12
03-3263-7377
11:30～15:00、17:00～20:00
周日　18 個　不可

2017 年 4 月造訪

推薦	午間里脊肉豬排定食……1,100 日圓（120g）

【豬肉種類】魚沼產健康豬三元豬　【油炸用油】豬油
【定食】〔米〕越光米　〔味噌湯配料〕海帶芽
〔味噌〕紅白混和味噌　〔淺漬小菜〕柚子白蘿蔔
〔白飯吃到飽〕有　〔高麗菜絲吃到飽〕有

雖然是豬排專賣店，但是店名和風格都像是咖啡店。店內空間細長縱深，盡頭是開放式廚房，座位不到20個，中午總是坐滿了人。

豬肉柔軟多汁，但是麵衣若使用質地更細的麵包粉會更美味。高麗菜絲淋了沙拉醬，但是配豬排時還是淋豬排醬汁更適合，店家提供的豬排醬汁味道有點過於濃厚了。

相對的，米飯粒粒分明、非常美味，何時造訪都一樣無可挑剔。第二次造訪時，我點了午間限定的「炸肉串定食」，炸肉串中的蔥柔軟多汁、香味甘甜，非常美味。（山本）

※編注：暫停營業

56 《東京》

とんかつ寿々木

豬排壽壽木 Kitchen Street（東京車站店）

均衡優秀的好店
豬排蓋飯也非常美味

店家位於東京車站八重洲北口的剪票口外、「Kitchen Street」的一角。透過玻璃窗窺看店內，吧檯座位的客人默默吃著豬排，帶著大行李箱和單獨造訪的女性客人也很顯眼。

「里脊肉豬排定食」為一千零五十日圓、「里脊肉豬排定食（大）」為一千三百五十日圓、「上里脊肉豬排定食」則為一千五百五十日圓（皆為午間的價格），我點了「上里脊肉豬排定食」。麵衣質地頗為粗糙，但是炸得很酥脆，對火候的掌握無可挑剔。豬排不沾醬料先吃一口，肉質柔軟、肉汁滿溢而出。高麗菜絲很新鮮，很多客人都吃完再續。米飯不濕軟，就算單吃也很美味，蛤蜊味噌湯保留了味噌的香味，柚子風味的醃漬小菜也不差。這間店雖然缺乏特別突出的個性，但是營業時間中間沒有休息，在搭車時造訪很方便。

因為看到很多客人點豬排蓋飯，我後來也吃了腰內肉豬排蓋飯。腰內肉豬排很厚，但是蛋打得很成功，和米飯的比例也很均衡，而且醬汁的分量剛剛好，不像是牛肉蓋飯連鎖店，醬汁不只沾滿了米飯，甚至大量積在碗底。這間店的豬排蓋飯提醒我不可以忘記，蓋飯的魅力就在於享用白飯的美味。（山本）

2016年6月造訪

推薦	里脊肉豬排定食……1,350 日圓（130g）

【豬肉種類】和豬麻糬豬、其他國產豬肉、美國產豬肉、加拿大產豬肉
【油炸用油】純正植物油
【定食】〔米〕會津產越光米
〔味噌湯配料〕蛤蜊　〔味噌〕紅味噌
〔淺漬小菜〕柚子白蘿蔔、黑牛蒡、紅紫蘇葉漬小黃瓜三種拼盤（午餐為一種，內容隨季節而異）
〔白飯吃到飽〕有　〔高麗菜絲吃到飽〕有

Shop Data

東京都千代田區丸之內 1-9-1
東京車站 1F Kitchen Street 內
03-3284-8305
11:00～21:30
全年無休（僅休元旦）
32 個　可

57 《銀座》

鹿兒島華蓮（銀座店）

豬肉本身就很有力量
味道醇厚、給人咀嚼的快樂

是供應鹿兒島縣產食材的日本料理店，特別的是還供應黑豬、黑牛、薩摩雞。店內的氛圍沉穩，穿著和服的女服務生很機靈、服務態度很舒服，可以悠閒的用餐。上里脊肉豬排可能使用靠近肩里脊肉的部分，肉質細密、味道醇厚，給人咀嚼的快樂。

麵衣中等偏粗，用偏高溫油炸，但是因為肉的味道強烈，吃完後仍殘留著肉味餘韻。麵衣炸得很酥脆芳香，也不含多餘油脂，不過油炸用油本身太過清爽，我希望這個味道醇厚的豬肉能用豬油油炸。

不知是否油炸後沒有先靜置就裝盤，下方的麵衣變得濕軟，很可惜。高麗菜絲很新鮮。豬排醬汁為鹿兒島縣產，帶有辣味，很適合這個豬排。味噌湯使用麥味噌和豆腐，香氣良好。米飯使用鹿兒島縣產的米，甘甜而芳香。

淺漬小菜為醃漬蘿蔔乾和醬油煮小菜，蘿蔔乾本身很美味，脆硬而芳香，但是如果能有像白菜和米糠漬小黃瓜這種，能夠提振胃口的淺漬小菜，這個定食會變得更有魅力吧？

還有，店家不提供日式黃芥末而是西式芥末醬，但是沾了西式芥末醬的肉和米飯不太搭配。餐前送上煎茶，餐後則送上烘焙茶，兩種茶品質都很好，甘甜芳香，讓用餐的心情更愉快。（牧元）

2015年11月造訪

推薦	鹿兒島黑豬上里脊肉豬排……2,500日圓（150g）

【豬肉種類】鹿兒島黑豬
【油炸用油】沙拉油
【定食】
〔米〕鹿兒島縣產秋穗波米
〔味噌湯配料〕豆腐、蔬菜
〔味噌〕鹿兒島縣產坊津味噌（麥味噌）
〔淺漬小菜〕醃漬蘿蔔乾
〔白飯吃到飽〕無　〔高麗菜絲吃到飽〕無

Shop Data

東京都中央區銀座8丁目8-8
銀座888大樓9F
03-3572-3153
11:30～13:30／17:30～21:30
㊡ 周一、國定假日
85個　可

58 《新橋》

とんかつ 燕楽

豬排 燕樂

即使老闆換成下一代
豬排品質還是很符合店家聲望

從上一代老闆經營的時候，這間店就是東京豬排巡禮不可或缺的店家，也是「池上燕樂」、「成藏」等優秀弟子輩出的名門。現在老闆已經換成下一代，基本上以二位廚師和一位服務人員的三人體制經營著。

坐在吧檯座位，可以看出當地的常客大多是平常下班後就來吃。「里脊肉豬排定食」使用平田牧場的三元豬，熟度適切，麵衣使用顆粒較細的麵包粉，彷彿吸附在肉上一樣，將肉的鮮甜味道鎖住，可以說是充分發揮了三元豬肉質的優點。

半年前造訪時，感覺油有點黏膩，但是這次的豬排不含多餘的油脂，香味也很能引起食欲。高麗菜絲不是一次全部事先切好，而是頻繁現切。

考慮到要和豬排搭配，醬汁的味道相當強烈，因此必定要將桌上的岩鹽當作食鹽使用。代替開胃小菜的馬鈴薯沙拉、味噌湯、淺漬小菜也非常美味，但是米飯煮得有點太過濕軟。

店員細心周到的服務態度讓人很有好感，雖然豬排隨著不同日子略有差異，但是這一天的豬排可以說是很符合店家的名聲。（河田）

2014 年 9 月造訪

推薦	里脊肉豬排定食……2,350 日圓（190g）

【豬肉種類】平田牧場三元豬
【油炸用油】豬油
【定食】
〔米〕越光米
〔味噌湯配料〕白蘿蔔、紅蘿蔔、碎豬肉片
〔味噌〕超特選濃厚味噌
〔淺漬小菜〕白蘿蔔、紅蘿蔔、小黃瓜
〔白飯吃到飽〕有 〔高麗菜絲吃到飽〕無

Shop Data

東京都港區新橋 6-22-7
03-3431-2122
11:00～14:00／17:00～21:30；
周六 11:00～13:30
休 周日、國定假日
50 個　不可

60 《西麻布》

西麻布 とんかつ豚組

豬排豚組

平成豬排黃金時代
重要的存在

Shop Data

東京都港區西麻布 2-24-9 ☎ 050-5868-9399
11:30～14:00／18:00～21:30
休 周一（遇假日營業，翌日公休），每月第二、四個周二
38 個 可

2013 年 9 月造訪

推薦｜納豆嗆豬里脊肉豬排定食……2,800 日圓（160g）

【豬肉種類】— 【油炸用油】未烘焙芝麻油＋棉籽油
【定食】〔米〕南魚沼產越光米
〔味噌湯配料〕宍道湖蛤蜊 〔味噌〕角久八丁味噌＋會津味噌
〔淺漬小菜〕淺漬小菜三種類
〔白飯吃到飽〕有 〔高麗菜絲吃到飽〕有

菜單上列了近三十種的品牌豬，壯觀的品項彷彿是平成「豬排黃金時代」的象徵。我造訪的那一日，豬排使用岐阜縣下呂市產「納豆嗆豬」里脊肉。

菜單上還寫了「豚組」的豬排吃法：請將豬排的切面朝上，灑上鹽一起享用。還有，也寫了豬排醬汁要倒在小碟子裡，每次要吃的時候再沾取。

鼓勵客人豬排不加醬汁而是加鹽享用的濫觴，說不定就是這間「豚組」。將品牌豬肉做成豬排，使昭和的豬排進化等，在這方面可以說是居功厥偉。「豚組」正是帶領豬排進入「平成豬排黃金時代」的重要存在。（山本）

61 《御徒町》

蓬萊屋

腰內肉味道高雅鮮甜
高麗菜絲格外美味

Shop Data

東京都台東區上野 3-28-5 ☎ 03-3831-5783
11:30～13:30／17:00～19:30；
周末、國定假日 11:30～14:00／17:00～19:30
休 周三（遇國定假日營業，翌日公休） 30 個 可

2014 年 3 月造訪

推薦｜腰內肉豬排定食……2,980 日圓（160g）

【豬肉種類】國產豬 【油炸用油】豬油和牛油
【定食】〔米〕魚沼市產越光米 〔味噌湯配料〕菜豆
〔味噌〕白味噌 〔淺漬小菜〕芥菜和紅紫蘇葉醃漬小菜
〔白飯吃到飽〕無 〔高麗菜絲吃到飽〕無

距今約三十年前出版的《東京・味之決勝》中，我將「蓬萊屋」的腰內肉豬排批評得一無是處，但是這次造訪後，我必須全面改正那個評價。

以前的焦黑麵衣已經不存在了，現在的麵衣是恰到好處的金黃色，能充分感受到腰內肉豬排高雅的鮮甜。醬汁是費心調配的清爽伍斯特醬，和豬排非常搭，甚至讓人覺得，找不到更適合的調味料了。

腰內肉豬排不沾任何調味料直接吃，如果需要鹹味，則大口吃淋了豬排醬汁的高麗菜絲，美味無與倫比！簡潔的擺盤，感覺得到傳統錘鍊出的見識和美感。（山本）

62 《池之上》

とんかつ 楝田

豬排 楝田

含有適量的脂肪
能感受到咀嚼喜悅的肉

店家供應豐富的油炸料理，開店的瞬間就有很多當地客人前來用餐，或是外帶油炸食物回去。

上里脊肉豬排應該是使用了靠近肩里脊肉的部分，去除少許的豬背脂肪，維持了瘦肉和肥肉的平衡，肉質不只是柔軟，也能感受到咀嚼的喜悅。以這個價位來說，雖然已經足夠美味，但是如果再多一點豬肉獨有的甘甜，會更吸引人吧？

麵衣不含多餘的油脂，感覺爽脆，但是質地較粗糙，相對於肉來說過於突出，這一點很可惜。但相對的，豬排邊緣口感脆硬，有種吃煎餅的樂趣。油炸的火候較強，可能因為加熱過頭，有部分麵衣剝落了，只要改善這裡，豬排應該就會變得更好。

米飯使用仁多米，美味又甘甜，給人吃米飯應有的快樂。這間店雖然是大眾取向，卻炊煮出如此美味的米飯，我想給予很高的評價。

湯是使用信州味噌的蛤蜊味噌湯。淺漬小菜是醃漬的白菜、小黃瓜和蘿蔔乾，其實醃漬白菜或小黃瓜，搭配豬排就已經十分足夠，應該不需要偏甜的醃漬蘿蔔乾吧？豬排醬汁的酸甜很平衡，美味而不膩。

炸絞肉排很酥脆，絞肉不油膩而帶有香氣，即使不淋醬汁，單吃也很下飯。

（牧元）

2016 年 2 月造訪

推薦	上里脊肉豬排定食……**1,880 日圓**（190g）

【豬肉種類】小麥飼養四元豬（美國產）
【油炸用油】芥花油
【定食】
〔米〕奧出雲仁多米
〔味噌湯配料〕蛤蜊 〔味噌〕白味噌
〔淺漬小菜〕京都紅紫蘇葉醃漬小菜、醃漬蘿蔔乾絲
〔白飯吃到飽〕有
〔高麗菜絲吃到飽〕有

Shop Data

東京都世田谷區代澤 2-37-15
三益大樓 1F
☎ 03-3424-8411
11:30～14:00／17:30～21:00
㊡ 周三、每月第一個周四
25 個 不可

63 《神樂坂》

とんかつ神楽坂さくら本店

豬排 神樂坂 Sakura 本店

肉中心仍是粉紅色
極佳的油炸火候

一九八〇年代初期，我開始走遍神樂坂的街道巷弄，當時神樂坂還保留著花街的風貌，主流是供應壽司、蕎麥麵、天婦羅、鰻魚等東京鄉土料理的店家。在我覺得花街風貌好像變淡時，神樂坂就迅速改變了面貌，巷弄裡已經找不到當初的風情了，以法國料理為首的外國料理餐廳、酒館和速食店，取代了各式東京鄉土料理店家，而在其中自然現身的就是豬排店。

毘沙門天門前又新開了一間豬排專賣店，那就是「さくら」，不知道是不是因為位於神樂坂的主要街道上，現在已經是一間會有人排隊的店了。

我排了一段時間、坐下來後，點了「櫻山豬里脊肉」定食。其他還有「山形豬」、「林SPF豬」等選擇，以及「五種一口櫻山豬拼盤」、「三種一口櫻山豬拼盤」等令人感到開心的品項。

「櫻山豬里脊肉」的油炸火候讓肉中心殘留著粉紅色，肉質柔軟、味道足夠，只是麵衣有點太過粗糙，如果是質地更細致的麵衣，豬里脊肉和麵衣的搭配應該就無可挑剔了吧？

盤子只盛裝放在網架上的豬排和檸檬，高麗菜絲用另外的容器盛裝，淺漬小菜則是一次上三種，也製作得很仔細。（山本）

2016 年 5 月造訪

推薦	櫻山豬里脊肉豬排……1,380 日圓（未稅，140g） 加 300 日圓（未稅）可升級為定食

【豬肉種類】櫻山豬（栃木縣產）、夢之大地豬（北海道產）、林 SPF 豬（千葉縣產）
【油炸用油】—
【定食】〔米〕越後息吹米　〔味噌湯配料〕蛤蜊
〔味噌〕混合味噌
〔淺漬小菜〕醃漬小菜（梅乾、芥菜等隨季節而異）
〔白飯吃到飽〕有　〔高麗菜絲吃到飽〕有

Shop Data

東京都新宿區神樂坂 5-1-1
神樂坂 Koa（コア）大樓 1F
050-5590-6288
11:00～23:00
全年無休
60 個　可

64 《日本橋》

豬排和豬肉料理
平田牧場

培育出了三元豬
有功於豬排界

Shop Data

🏠 東京都中央區日本橋 1-4-1 COREDO 日本橋 4 樓
☎ 050-5872-4515
🕐 11:00～15:00／17:00～23:00（周末、假日～22:00）
休 全年無休　座 45 個　卡 可

2014 年 8 月造訪

推薦｜金華豬厚切里脊肉豬排膳……2,500 日圓（未稅，150g）

【豬肉種類】平田牧場金華豬、平田牧場三元豬
【油炸用油】植物油
【定食】〔米〕滋雅米　〔味噌湯配料〕岩海苔、麵麩、蔥
〔味噌〕紅味噌　〔淺漬小菜〕醃漬青菜絲等
〔白飯吃到飽〕有　〔高麗菜絲吃到飽〕有

山形縣平田牧場自一九五三年創業以來，對普及品牌豬做出很大的貢獻，池上燕樂等豬排專門店也使用這個牧場飼養出的三元豬，如果沒有平田牧場，或許平成的豬排復興就不會發生。

這次我造訪的是東京直營店中較早開幕的日本橋COREDO店，「厚切里脊肉豬排膳」是這間店的標準料理，明白顯示出最近豬排店豬排偏厚的傾向。豬排使用的三元豬肉肉質緊實，質地細致的麵衣也很不錯。不論是偏甜或偏辣的豬排醬汁，味道都很濃厚，沾取少量就很足夠，或許加鹽一起吃會更好。（河田）

65 《四谷》

かつれつ四谷 たけだ
豬排四谷 Takeda

以前的西式料理店
重新改裝成的油炸料理店

Shop Data

🏠 東京都新宿區四谷 1-4-2 峰村大樓 1F
☎ 03-3357-6004
🕐 11:00～15:00／17:00～21:00；周六 11:00～15:00
休 周日、國定假日　座 13 個　卡 不可

2014 年 11 月造訪

推薦｜特選麻糬豬里脊肉豬排定食……1,380 日圓（130g）

【豬肉種類】和豬麻糬豬　【油炸用油】玉米油
【定食】〔米〕國產米　〔味噌湯配料〕海帶芽菜豆
〔味噌〕混合味噌　〔淺漬小菜〕鹽漬蘿蔔乾加醬油
〔白飯吃到飽〕無　〔高麗菜絲吃到飽〕無

這家以油炸食物為主的店家位於四谷車站前，是長年以來大排長龍的西式料理店「Elise」，重新改裝而成。中午造訪時，一如往常已經有人在排隊。

我點了店家推薦的「特選麻糬豬里脊肉豬排定食」，豬肉確實熟成了，有充足的鮮甜味道。麵衣中等偏粗，裹得較薄，炸成金黃色，可惜一開始就剝落了大部分。

油的香味讓人胃口大開，店家推薦豬排加德州岩鹽一起吃，脂肪甜味變得很明顯。醬汁沒有非必要的甜味，和豬排也很搭配。鬆軟的米飯以盤子盛裝，應該是受過去西式料理店的影響吧？（河田）

〔特別附錄〕小說

黃昏的豬排埋伏

露臼勝太郎

「那裡有店家嗎？」

在充滿黃昏氣息的團子坂，偶然經過的巷子裡，我發現了微弱的燈光。

方型座燈的柔和光線彷彿在對我招手，我就這麼跟著光線，隨意踏入了巷內。

「絕對沒錯，這裡我以前來過。」

似曾相識的感覺襲來，是造訪高村光太郎家的時候嗎？

我試著搜尋自己久遠的記憶，但是絲毫沒有線索。

店面是用檜木打造的一般民宅，門前種植的小繡球花似乎要逐漸開花了。

白色的短門簾寫著藍色的「吉田」，大型座燈則只用毛筆寫了「豬排」二字，非常簡潔，能充分感受到老闆的自信。

「是豬排店啊？」

雖然晚餐時間還早，但是我決定進去看看，因為我不想錯過這種相遇的機會，而且，比起這個，感覺不現在進去店家就會忽然消失。

「你好。」

拉開淺色木質格子拉門，我打了聲招呼。

「歡迎光臨。」

有個明亮的聲音回應了我，一個約五十多歲、個子嬌小的女性停住了擦吧檯桌面的手，

黃昏的豬排埋伏

露臼勝太郎

轉頭看向我。

女性頭上戴著白色頭巾、穿著白色襯衫、圍著白色圍裙，站著的姿態很美。

店裡沒有其他客人，一進門左邊是一張四人座的桌子，右邊則是可坐六個人的吧檯座位，高腳椅有著白色的坐墊和靠背，上面一點油漬也沒有，和淺色木質吧檯桌面剛好配成一套。

「歡迎光臨。」

老闆從後方走出，約七十歲左右、銀髮、看起來人品高尚，說話的聲音像是男中音，健壯的體格像是在說：「我會讓你吃到好吃的豬肉喔！」

笑容柔和的老闆娘招呼我：「請選自己喜歡的座位坐。」我選了最裡面的吧檯座位，坐在鍋子前方。

老闆娘送上了熱茶和熱毛巾，鬆軟的毛巾和甘甜的煎茶都具備必要的熱度，很溫暖。

店家的體貼服務讓人心情為之一振，然後，我注意到菜單就靠在吧檯擋板上。

小型立牌上貼著小張宣紙，上面用濃黑的毛筆字寫著菜單品項，開頭是「八月一日，晴天」。

「里脊肉豬排、肩里脊肉豬排、腰內肉豬排、五十匁（187g）一千八百日圓、七十匁（260g）二千三百日圓」，不以上等和普通的等級區分，而是用重量區分價格，這也很好。不過，肩里脊肉真是很吸引人啊！

然後，菜單上還有「腰內肉棒豬排一千五百日圓、紙豬排一千四百日圓、定食：米飯、淺漬小菜、味噌湯（豆腐或白蘿蔔二種可選）五百日圓」

「有棒豬排啊……」我想起在神戶豬排店「Mon」吃到的豬排，不禁口水猛流。還有，「紙豬排」也讓我想起以前青山的豬排店「種長」。

回想起來，美食家古川綠派曾經力駁眾人說：「我認為薄而且有很多肥肉才是正統的豬排。」

味噌湯的配料是豆腐或白蘿蔔，這也令人感到高興。珍珠菇和海帶芽的香味搭配豬排都不合適，而豬肉味噌湯本身雖然很好，但是味道太濃厚，會影響到豬排的味道。

這太令人猶豫了，紙豬排、棒豬排、肩里脊肉，我該怎麼辦？煩惱了很久，因為是第一次造訪，我決定還是走正統路線，朝里脊肉豬排下手。

不過，先喝一杯吧！不小心看到菜單上豬排後面寫的「酒肴」，讓我心癢難耐。

「毛豆、沙丁魚乾片、白蘿蔔泥魩仔魚、鯨魚尾、生薑醬油菜豆、山葵梅子、山藥絲」菜單上排列著不佔胃的空間、也不影響豬排味道的下酒菜。

「請給我毛豆、白蘿蔔泥魩仔魚和啤酒，還有里脊肉豬排，升級定食，味噌湯要白蘿蔔的。」

「好的，啤酒品牌是AUGUST BEER，可以嗎？好的，謝謝。里脊肉一片。」老闆娘用透亮的聲音傳話。

「好，里脊肉一片。」老闆用男中音回應。

老闆明明就站在我前面，兩人依然照規矩傳話的模樣令人不禁微笑。

無過濾、含有活酵母的AUGUST BEER，讓身體無一個毛孔不暢快，我一邊享用現煮的毛豆和白蘿蔔泥魩仔魚，魩仔魚和白蘿蔔味道甘甜、口感溫和。

「請給我一瓶溫酒。」我不禁想繼續喝下去。

白色酒瓶放在底座裡一起送上來，同時老闆也緩緩開始調理豬排了。

他取出用布包裹的里脊肉塊，切塊、灑上鹽、切除筋後，將豬肉放進了塑膠袋內。

奇怪的動作仍然持續著。他將塑膠袋放進機器封起，然後將塑膠袋與肉放進後方的爐子裡，打開爐蓋的瞬間，冒出了大量蒸氣，那應該是蒸東西用的爐子吧？

「那是什麼？」我忍不住詢問。

「抱歉，讓你看到奇怪的做法，這叫做真空調理，會讓肉的中心濕潤多汁、麵衣酥脆，而且說是健康養生，油炸時肉就不會吸收油脂了。」

男中音的說明令人讚嘆，真是很有道理。可惜的是油炸時油的爆裂聲響，更能刺激食欲。

不需要多餘的擔心。蒸肉的期間，老闆用快刀切好了高麗菜絲，約二十分鐘後，老闆從爐子取出肉，裹上麵衣。雖然肉加熱了，但是水分沒有散失，因此可以漂亮的裹上麵衣。

肉放進油鍋的瞬間，「唰」的一聲響起了熟悉的聲響，豬油的香味直衝腦門，讓人不禁直嚥口水。

一分鐘，豬排只炸了一分鐘就起鍋切塊了，枕著高麗菜絲盛裝在白色盤子裡，端上桌來。

同時送上的還有玻璃醬料瓶二瓶、盛裝芥末的小壺，以及裝鹽的容器，容器裡還放了像是掏耳棒的小湯匙。

「您要用餐時請再跟我說。」看到我還在喝酒，他體貼的說。

「沒關係，我現在就吃。」我迫不及待想要吃著豬排，大口配飯了。

豬排的切面泛著光澤，中心是整片的粉紅色，滲出微微的肉汁，充滿風情的模樣，像是在誘惑著我快點吃下。

我用筷子夾起較寬那側數來第三塊，不沾任何調味料，大口咬下。

「喀滋」一聲，油炸成金黃色的芳香麵衣碎裂，牙齒慢慢陷進肉內，那個瞬間，「啊啊～」我忍不住發出一聲嘆息。

豬排濕潤多汁，彷彿一張開口肉汁就要滿溢出來。

好甘甜，而且味道溫和又有力量，肉質不過於柔軟，牙齒在切斷緊實纖維的同時，又會被肉包裹起來。豬肉的生命在此刻躍動、震懾一切。讓人只能遠遠凝視，動彈不得。

接著在豬排上灑上鹽一起吃，鹽的鹹味將豬肉的甘甜襯托得更明顯。高麗菜絲也很細致、甘甜、新鮮。

好，久等了，接下來該豬排醬汁登場了，將偏甜的醬汁淋在一塊豬排上，一送進口中，含有自然甜味的醬汁和豬肉就唱起歌來。途中，我想念起米飯的滋味，大口將米飯扒進口中，米飯香氣強烈，讓人不禁微笑。

黃昏的豬排埋伏

露臼勝太郎

淺漬小菜為米糠漬白菜、小黃瓜、茄子、蕪菁、櫛瓜，白蘿蔔味噌湯則充滿了溫和的甜味。

我全神貫注、全心全意的沉浸在豬排定食的美味之中。好，肥肉較多的部分，則淋上偏辣的豬排醬汁，肥肉塗上芥末。

肥肉一咬下，甘甜的脂肪香味就爆發開來，和偏辣的豬排醬汁、芥茉融為一體，產生了第二種美味，這時再將米飯送入口中，真是太幸福了。

最後，掉落在米飯上的麵衣碎屑上灑上鹽一起吃，我戲稱這是仿照「碎天婦羅飯」的「豬排麵衣飯」，只有麵衣美味時才能這麼吃。

「呼～」我滿足的嘆息，一抬起頭，發現老闆像是看著自己的孩子成長一樣，靜靜的微笑看著我。

那是我很久都沒看過的，大人的純粹笑容。

這篇文章是其中一位作者的創作小說。

後記

豬排會議繼續開會之宣言。
為什麼豬排這麼吸引人呢？
我們很想找出答案，而吃了很多豬排。
去了再多間店都不厭倦，因為每間店都有其獨特的風格，
有各式各樣的巧思，也可以感受到豬排廚師的哲學。
美味的背後都有理由，愈吃對豬排的愛會愈深。
希望大家看了這本書，對豬排的愛也能多少變深一些，
因為沒有比這個更讓我們覺得幸福的事了。
來吧！前往豬排店。
追尋那些我們也還沒見過的豬排、
探求豬排廚師的哲學，繼續吃豬排。

東京豬排會議：

5年訪察嚴選超美味65家、殿堂級12家名店，爽脆麵衣與甘甜豬肉的絕妙魅力，超一流大眾料理完整指南誕生！

作　　者／山本益博、Mackey牧元、河田剛
譯　　者／洪禎韓
美術編輯／申朗設計
企畫選書人／賈俊國
責任編輯／黃欣

總 編 輯／賈俊國
副總編輯／蘇士尹
編　　輯／高懿萩
行銷企畫／張莉滎・蕭羽猜

發 行 人／何飛鵬
法律顧問／元禾法律事務所王子文律師
出　　版／布克文化出版事業部
台北市中山區民生東路二段141號8樓
電話：(02)2500-7008 傳真：(02)2502-7676
Email：sbooker.service@cite.com.tw
發　　行／英屬蓋曼群島商家庭傳媒股份有限公司城邦分公司
台北市中山區民生東路二段141號2樓
書虫客服服務專線：(02)2500-7718；2500-7719
24小時傳真專線：(02)2500-1990；2500-1991
劃撥帳號：19863813；戶名：書虫股份有限公司
讀者服務信箱：service@readingclub.com.tw
香港發行所／城邦（香港）出版集團有限公司
香港灣仔駱克道193號東超商業中心1樓
電話：+852-2508-6231　傳真：+852-2578-9337
Email：hkcite@biznetvigator.com
馬新發行所／城邦（馬新）出版集團 Cité (M) Sdn. Bhd.
41, Jalan Radin Anum, Bandar Baru Sri Petaling,
57000 Kuala Lumpur, Malaysia
電話：+603- 9057-8822　傳真：+603- 9057-6622
Email：cite@cite.com.my
印　　刷／韋懋實業有限公司
初　　版／2020年4月
售　　價／380元
I S B N／978-986-5405-35-9

城邦讀書花園　布克文化
www.cite.com.tw　WWW.SBOOKER.COM.TW